TURING 图灵交互设计丛书

设计师
要懂心理学

（第2版）

[美] 苏珊·魏因申克（Susan Weinschenk） 著

徐 佳 马 迪 余盈亿 译

100 Things Every Designer Needs to
Know About People，Second Edition

人民邮电出版社
北 京

图书在版编目（CIP）数据

设计师要懂心理学 / （美）苏珊·魏因申克
（Susan Weinschenk）著；徐佳，马迪，余盈亿译.
-- 2版. -- 北京：人民邮电出版社，2021.3
（图灵交互设计丛书）
ISBN 978-7-115-55275-4

Ⅰ．①设… Ⅱ．①苏… ②徐… ③马… ④余… Ⅲ.
①工业设计－应用心理学 Ⅳ．①TB47-05

中国版本图书馆CIP数据核字(2020)第221984号

内 容 提 要

本书出自国际知名的设计心理学专家之手，内容实用，示例清晰。书中以创造直观而又有吸引力的设计为宗旨，讨论了设计师必须知道的100个心理学问题。每个问题短小精悍，片刻即可读完，让人轻松地理解设计背后的心理学动机。新版更新了一些内容，体现了第1版出版后作者新的研究体会。同时，作者调整了遣词造句，改换了部分图片，让书与时俱进。

本书适合平面、网页、交互和移动应用等各类设计人员学习。

♦ 著　　　　[美] 苏珊·魏因申克（Susan Weinschenk）
　 译　　　　徐 佳　马 迪　余盈亿
　 责任编辑　杨 琳
　 责任印制　周昇亮

♦ 人民邮电出版社出版发行　　北京市丰台区成寿寺路11号
　 邮编　100164　电子邮件　315@ptpress.com.cn
　 网址　https://www.ptpress.com.cn
　 北京虎彩文化传播有限公司印刷

♦ 开本：880×1230　1/32
　 印张：8　　　　　　　　　2021年3月第2版
　 字数：225千字　　　　　 2024年12月北京第9次印刷
　 著作权合同登记号　图字：01-2020-4803号

定价：69.00元
读者服务热线：(010)84084456-6009　印装质量热线：(010)81055316
反盗版热线：(010)81055315
广告经营许可证：京东市监广登字 20170147 号

版权声明

推荐序一
FOREWORD
用户至上的设计

第一次看到这本书的时候，我就被它的内容吸引了。我们都知道内容是为读者服务的，而真正好的内容能让读者从中感受到趣味与惊喜，收获知识和价值，无论读者来自专业还是非专业领域。而这就是一本谁都可以直接拿起来看一看、读一读的书。

本书用深入浅出的语言，细致而又全面地介绍了了解人性的重要性及其方式方法，解释了用户行为与设计之间的关系。在阅读过程中，我们能够切身体会到作者对自己的高要求以及对内容的用心和专注。

多年来，我专注于推动中国体验设计行业的发展。每一年，我都会发掘全球范围内极具创新性的优秀产品、案例，并在 IXDC 国际体验设计大会上展示与分享。我发现，好的产品都非常懂用户。设计、产品、技术等人员都需要掌握一点心理学，方可更好地做出优秀产品。

本书列举了设计师应该具备的许多设计心理，从人的观察、人的阅读、人的记忆、人的思考、人的动机等几大方面分别阐述，引入概念、方法论和案例，结合图形、图案以及章节结尾的总结性小贴士，用 100 个精心整理的心理学知识帮助设计师更加贴近用户行为、了解用户心理，引导设计师站在用户的角度思考与设计。

设计的本质是以人为本。你会发现，书中每章每节都围绕着"人"这个主体，都离不开"人"这个视角。这也是在设计中经常被大家提到并烂熟于心的"以用户体验为中心"。当然，我们知道这个理念是一回事，有没有能力实现它又是另外一回事。也就是说，"你知道"不等于"你会"。相信大家肯定都已经"知道"它了，而这本书会进一步为大家解决"你会"这个部分。

毫无疑问，这是一本值得我们加到自己书单当中的必读经典。作者在已发行的第 1 版的基础上，再次深入研究并更新，形成了更优的第 2 版。作者精益求精，仅为了把最完美的内容呈现给广大读者。我相信，你一定会从中受益。

胡晓

国际体验设计委员会（IXDC）主席

广州美啊教育有限公司总裁

中国设计业十大杰出青年

只有了解用户，才能做好产品和服务设计

腾讯 CDC 的全称是"腾讯用户研究与体验设计部"。从 2006 年设立之初，我们就明白了解用户、懂得用户的重要性。这些年来，我们一直把用户研究当成团队最重要的工作，没有之一。因为只有把这项工作做好，才有把握完善产品和服务的设计、运营等工作，从而节省更多研发和市场成本。道理好像很容易懂，但实际上大家都是在不断摸索中去总结方法和经验的。

早在 10 年前，CDC 的几位同学就提出要翻译《设计师要懂心理学》这本书，我们觉得这是非常好的一件事情。10 年后回头再看，我们依然能体会到这本书的价值。本书作者苏珊·魏因申克把她 30 余年的研究与应用经验总结成浅显易懂的文字，希望设计师能快速了解人是如何观察、阅读、记忆、思考、集中注意力和感知、决策的，并指出了人的本性和社会性，这些都是我们在产品和服务设计中常常会遇到的问题。通过阅读这本书，设计师能更快地对用户心理有个基本认识，从而引发更多专业上的思考。

当然，前人的经验总结也只是别人的经验，我们更希望广大的从业者在了解基础知识框架以后，通过思考、实践和总结，最终提炼出对实际工作和生活都有帮助的、属于自己的知识和经验。了解用户的道路漫长但非常有趣，腾讯 CDC 与大家共勉！

陈妍

腾讯用户研究与体验设计部总经理

献词
DEDICATION

谨以此书纪念已故的 Miles 和 Jeanette Schwartz。真希望你们能看到此书。

致谢
ACKNOWLEDGEMENTS

感谢我的开发编辑 Jeff Riley，他帮助我出版了本书的第 1 版和第 2 版，其间还出版了好几本别的书。也感谢培生整个出版团队的大力支持，从封面设计、图片处理、排版、出版流程到发行销售，他们都做得好极了。

设计中的心理学

THE PSYCHOLOGY OF DESIGN

设计师必读经典

无论是设计网站、应用程序、软件，还是医疗设备，你对人性了解得越多，就越能够为用户提供更好的体验。

而用户的体验完全取决于你对他们的了解程度。

用户是如何思考、如何做决定的？什么促使他们点击网站、购买产品或者做出其他如你所愿的行为？

本书将为你解答这些问题。

在本书中，你还会学到什么会吸引用户的注意，用户会犯哪些错误以及为什么，还有其他有助于你提高设计水平的知识。

你的设计将会得到改进和提高，因为我已做足了功课。我是那种喜欢查阅资料的书呆子，阅书无数。为写作本书，我查阅了数十本书、数百篇论文，甚至反复研读，才精心挑选出了最棒的理论、概念和案例。另外，书中还凝结了我在数年产品界面设计工作中总结出来的经验教训。

隆重奉上本书。作为设计师，这 100 个心理学知识你必须了解。

关于第 2 版我要多说几句。我写第 1 版的时候，当然希望本书能成为一本广受欢迎的书，但我不知道人们会怎么看。后来看到本书的反响很不错，我真的喜出望外、备感暖心。第 1 版被翻译成了多种语言，还有好些大学拿它作为教材。常有读者给我展示他们反复翻阅过的书，圈圈点点地做了不少笔记。

第 1 版已经出版好些年了，但大多数内容并不过时。不过我又有了些新的研究体会，因此决定写个第 2 版。除了更新了一些内容，我也调整了遣词用句、改换了一些图片，让书能与时俱进。

对所有读者的支持，我要大声地说一句"谢谢"。

作者

2020 年 6 月于威斯康星州埃德加市

目录

CONTENTS

第 1 章

人如何观察

视觉是一切感觉之首。人的大脑有一半的资源用于接收和解析眼睛所见。但眼睛所见并非全部，因为视觉信息还要经过大脑转换和解析。真正用来"观察"的其实是大脑。

1　眼见非脑见

　　我们一般认为，在观察周围的一切时，眼睛会将看到的信息传输给大脑，大脑再对信息进行处理，让我们感受到真实的世界。但其实不然，脑见**并非眼见**，因为大脑总会解析眼睛看到的所有信息。试举一例，请观察图 1-1。

　　你看见了什么？第一眼可能会看到一个黑边三角形，上面叠了个白色倒三角。其实图上什么三角形都没有，有的只是些零碎的线条和三个有缺口的圆。大脑认为图上应该有一个倒三角形，于是就凭空创造出了一个。1955 年，这一独特的错觉由意大利心理学家 Gaetano Kanizsa 发现，后以他的姓氏命名为"卡尼萨三角"（Kanizsa Triangle）。再看看图 1-2，这次的错觉图形是一个矩形。

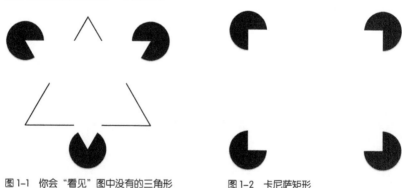

图 1-1　你会"看见"图中没有的三角形　　　　图 1-2　卡尼萨矩形

大脑会偷懒

　　为了更快地解析周围的世界，大脑会投机取巧地偷懒。大脑每秒要接收约 4000 万次的感官信息输入，并试图完全解析出它们的意义，所以它会根据以往的经验，猜测我们看见了什么。经验法虽说十拿九稳，但有时也会出错。

合理运用形状和色彩可以影响人们所见。图 1-3 展示了色彩如何使人注意到特定的信息，通过变化颜色区域，它传达出了两条截然相反的信息。

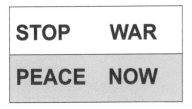 

图 1–3 　色彩和形状能影响人们所见

⭐ **在黑暗处，余光看得更清楚**

人眼有 700 万个对亮光敏感的视锥细胞和 1.25 亿个对弱光敏感的视杆细胞。视锥细胞集中于视网膜中央凹处，在视觉的中心区域，而视杆细胞则主要分布在外围。所以在弱光环境下，使用余光观察会比直视看得更清楚。

➡️ **视错觉之错**

视错觉就是大脑错误解析视觉信息的现象。在图 1-4 中，左边的竖线看上去比右边的长，但其实两条线一样长。1889 年，Franz Müller-Lyer 设计了这一图案，因此该图被称为"缪勒 - 莱尔错觉"（Müller-Lyer illusion）。这是最早的视错觉图案之一。

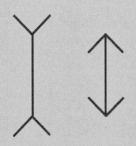

图 1–4 　左右两竖线其实等长

 **人的视觉是二维而非三维的**

　　光线通过角膜与晶状体进入眼球，晶状体将影像聚焦在视网膜表面。在视网膜上，即使是三维的物体，呈现出的影像也是二维的。这些影像被传送到大脑视觉皮质并被识别。例如大脑会想"哦，我认出那是一扇门"，从而重新将二维影像转化为三维物体。

小 贴 士

✴ 别人如何看你的产品未必符合你的设想，他们的个人背景、文化水平、对眼前事物的熟悉度以及期待看到什么，都会影响其观察结果。

✴ 你可以调整信息和视觉元素的展示方式，引导别人注意特定的内容。使用阴影或颜色表达出有些内容是一体的，要跟别的东西分开。

2 整体认知主要依靠周边视觉而非中央视觉

人有两种视觉：中央视觉和周边视觉。中央视觉用来直视事物观察细节，而周边视觉则展现视野中的其他区域，也就是人眼能看到的周边区域。人可以用余光观察事物，这当然很有用，不过堪萨斯州立大学的研究表明，多数人低估了它对于我们理解事物的重要性。人对场景的认知似乎都来自周边视觉。

✦ 为什么屏幕上的小闪动容易让人分心

周边视觉总是让人不禁注意到周围的动静。例如，你正在计算机上阅读文章，而屏幕边缘有个小动画闪个不停，那么你肯定忍不住要去看它。在你希望集中精力阅读文章时，这样的干扰实在很烦人。这正是周边视觉所致！网站侧边的广告总是做成闪烁效果就是因为这个道理。这样很不招人待见，但确实会吸引我们的注意力。

Adam Larson 和 Lester Loschky 在 2009 年曾做过一项实验，后来 Loschky 在 2019 年又做了更多研究。他们准备了厨房、客厅之类常见场景的照片，以及城市、山区等户外照片，并且将一些照片的四周遮住，将另外一些照片的中央遮住，接着向被试者展示这些照片（如图 2-1 所示）。然后，他们要求被试者判断看到了什么场景。

图 2-1 实验使用的照片

Loschky 发现，中央被遮住的照片依旧容易识别，而对于那些周围被遮住的照片，人们却分不清看到的究竟是哪里。Loschky 得出结论：对于识别具体物体来说，中央视觉是最重要的，但对于认知整体场景而言，周边视觉更为关键。

人们在看台式计算机屏幕时，同时使用了周边视觉和中央视觉。对于笔记本式计算机和平板计算机来说也是一样。如果是手机屏幕，由于设备太小，恐怕就用不上周边视觉了。

周边视觉让我们的祖先得以在草原上生存

根据进化论可以推测，早期人类必须能够一边打磨燧石或仰望天空，一边用周边视觉注意是否有狮子逼近，才能幸存并把基因传给后代。周边视觉较弱的人则难以生存，相应的基因也被自然淘汰。

相关研究证实了这一推测。2009 年，Dimitri Bayle 发表了他的研究结果。他让被试者观看恐怖照片，有时将照片放在被试者的中央视觉区域，有时则放在周边视觉区域。然后他测定了大脑杏仁核（能对恐怖照片做出反应、产生恐惧情绪的区域）的反应速度。如果照片放在中央视觉区域，杏仁核的反应时间为 140~190 毫秒；如果放在周边视觉区域，反应时间仅为 80 毫秒。

3 人在识别物体时会寻找规律

发现规律有助于快速处理时刻接收的感官信息。即使本无规律，人眼和大脑也会尝试创造规律。以图 3-1 为例，你看到的可能是 4 组图案，每组 2 个点，而不是 8 个孤立的点。你把点间距的长短看成了一种规律。

●● ●● ●● ●●
图 3-1 大脑倾向于发现规律

关于物体识别的几何离子理论

多年来，关于人如何观察和识别物体产生过很多理论。早期理论认为，大脑中其实有个记忆库，存储了数百万种物体。当你看见物体时，便与记忆库中的物体进行比对，直到找到匹配的为止。不过现在有研究表明，人观察物体时，会识别一些基本形状，并以此识别物体。这样的基本形状称为几何离子（geon），该理论由 Irving Biederman 于 1987 年提出，如图 3-2 所示。据称，人类能识别 24 种基本形状，它们构成了我们能看见和辨认的所有物体。

如果想让人们快速识别一样东西，就应该使用简单的形状。这样，人们会比较容易认出组成该形状的几种基本的几何离子。要识别的物体越小（如打印机或文档的图标），就越要使用简单的几何离子，不要多加修饰。

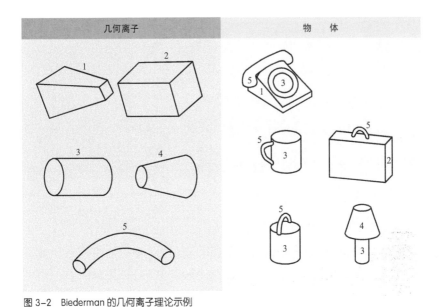

几何离子	物　体

图 3-2　Biederman 的几何离子理论示例

4 大脑有专门识别人脸的区域

假设你正穿行于某大都市的某条大街，人潮拥挤，突然迎面出现家人的面孔。即使你们是不期而遇的，即使眼前还有几十甚至几百个路人，你也能一眼认出对方是你的家人，同时油然而生爱意、恨意、惧意之类的相应情绪。

虽然大脑视觉皮质范围很大，而且占用了大量脑力资源，但在视觉皮质之外还有一处特殊区域，专门用来识别人脸，称为梭形脸部区（FFA，fusiform face area）。这一区域由 Nancy Kanwisher（1997）发现，可以让人脸绕过通常的视觉解析渠道，从而得到快速识别。而且，梭形脸部区距离掌控情绪的杏仁核也很近。

这表示人脸能吸引注意力并调动情感反应。如果在网页或屏幕设计中展示人脸，就能立即抓住人的注意力，并传达出情感信息。

若是想利用人脸吸引注意力并激起情感反应，记住要让人脸朝前（不是侧脸）、够大，很容易就能被看到，并展现出想要传达的情感。

★ **自闭症患者不用梭形脸部区识别人脸**

Karen Pierce（2001）进行的研究表明，自闭症患者观察和识别人脸时，不会使用梭形脸部区，而只能使用通常用于识别物体而非人脸的普通解析通路和视觉皮质。

我们会不由自主地看向别人的眼睛所看的方向

眼球追踪调研表明，如果在网页上有一张图片，图上的眼睛不看我们，而是看向网页上的一个产品（如图 4-1 所示），我们也会不由自主地看向那个产品。

但是请注意，人们看着它并不代表关注它。做设计时，你要确定是想和用户建立情感沟通（图片上的眼睛直视着用户）还是想引导用户的注意力（图片上的眼睛看向某一产品）。

图 4-1　我们会不由自主地看向她所看的东西

喜欢看脸是人的天性

Catherine Mondloch（1999）等人所做的研究表明，出生不到一小时的新生儿喜欢看有明显面部特征的东西。梭形脸部区对人脸的敏感能力似乎是与生俱来的。

看着眼睛，就能识别出真人假人

Christine Looser 和 T. Wheatley（2010）拍摄了真人的脸部照片，并一步一步把人脸转变成死气沉沉的脸部模型。她们分步展示这些照片（如图 4-2 所示），要求被试者判断何时由真脸变成了假脸。研究发现，被试者表示大约在 75% 处的脸已经不是真了，而且他们主要依据图上的眼睛识别真假。

图 4-2　Looser 和 Wheatley 的人脸分步变化图

小 贴 士

✳ 人会快速识别人脸并做出反应，所以要想吸引注意力，就展示人脸。

✳ 在网页上直视用户的人脸最具感染力，也许因为眼睛是面部最重要的部分。

✳ 如果网页上的人眼看着旁边的位置或产品，那么人们往往也会看向同一处，但未必关注或采取行动，只是看而已。

5 大脑有专门处理简单视觉特征的区域

David Hubel 和 Torsten Wiesel 在 1959 年发现，视觉皮层的有些细胞只对水平线条有反应，有些细胞仅对垂直线条做出反应，还有的细胞对边有反应，而有的对某种角度做出反应。

此后多年来的理论认为，根据我们肉眼所见，视网膜接收到不同的电信号模式，并由此创建多条视觉轨迹。有些轨迹包含影子的信息，有些包含运动信息，诸如此类。共有 12 条视觉轨迹的信息传入大脑的视觉皮层。视觉皮层的各个区域响应并处理相关的信息。例如，一个区域处理倾斜 40 度的线条，另一个区域处理颜色，还有区域处理运动，另有区域处理边。

最终所有的数据被合并进两条轨迹：一条关于运动（这东西在动吗？），一条关于位置（它离我有多远？）。

恐怕不是一次处理一个

Hubel 和 Wiesel 的研究理论盛行了 60 年。不过 2019 年 Garg 的最新研究显示，可能存在可以同时处理颜色和方向两个特征的神经元。但他仍然认为视觉信息是被分解为小块处理的，一次处理一到两个特征。

这说明如果你想吸引用户的注意力，最好让其中一个元素与众不同：要么颜色不同，要么形状不同。

比较一下图 5-1 和图 5-2 中的形状。第一幅图中只有一个圆圈颜色与众不同，所以你马上就能注意到它。第二幅图中的圆圈颜色各不相同，也就没有哪个能脱颖而出了。

图 5–1　如果只有一个圆圈颜色不同，它就　　　图 5–2　如果颜色各不相同，就没有圆圈
　　　　　能引人注目　　　　　　　　　　　　　　　　能引人注目了

➜ **人在想象的时候视觉皮层更为活跃**

　　视觉皮层在你展开想象的时候，比在你仅观察感知某件东西的时候更为活跃（参见 Solso, 2005）。这些活动都在视觉皮层的同一个地方发生，但在想象的时候会更加活跃。理论认为，这时视觉皮层需要开足马力，因为外界并没有传来实际的刺激。

　　设计师有时会犯的错误是一下子使用太多的视觉特征。在一个页面或图片上采用许多种颜色、形状和角度，会让视觉皮层花费更长的时间来处理这些信息，因此无法做到立刻有效地抓住用户的注意力。

小　贴　士

✳　想要快速抓住用户的注意力，谨记"少即是多"。

✳　无论在图片还是页面中，跟周围元素颜色、形状或角度不同的元素，能最先吸引用户的注意。

✳　一次只用一种特征可以吸引更多的注意。如果想同时使用两种特征，那么请使用颜色和方向（即倾斜或者说角度）。

6 人根据经验和预期浏览屏幕

看屏幕时人们第一眼会落在哪里？第二眼呢？答案取决于他们在做什么、希望看到什么。他们如果使用从左向右书写的语言文字，那么看屏幕时也会从左向右看，反之亦然。

然而，大多数人并不是从顶部开始阅读的。因为人们早已习惯认为网页顶部都是些无关内容，如 logo 和留白，所以他们往往使用中央视觉去看边框以里及顶部以下 30% 的位置，去寻找重要信息。图 6-1 的菜单栏就置于顶部以下 30% 的位置，"Get Started with Medicare"按钮也在距边栏 30% 左右的地方，这些是大多数人寻找重要信息的起始位置。

图 6-1　菜单栏和"Get Started with Medicare"按钮都放在多数人寻找重要信息的起始位置

扫一眼屏幕后，人们的阅读顺序就和语言文字习惯一致了（无非是自左向右、自右向左或自上而下）。如果旁边出现一张大图（特别是有人脸的照片）或动的东西（动画广告或视频），这类内容就会引起他们的注意，从而打破原先的阅读倾向。

人们对想看的内容及其位置有先入为主的心智模型

人们具有特定的心智模型，预先设想了各内容在计算机屏幕和特定应用、网站上应该出现的位置，并且往往带着这样的心智模型看屏幕。比如，亚马逊购物网站的常客如果打算使用搜索功能，那么打开页面时就可能直接去习惯的位置找搜索框。

发生错误或问题时，人们会聚焦视野

如果完成任务的过程中发生了错误或意料之外的问题，人们会停止浏览屏幕上的其他内容，集中精力到问题所在的区域。我们将在第 9 章对此展开讨论。

小 贴 士

✻ 最重要的信息（或希望用户关注的内容）要放在距屏幕或页面上沿30%以及距左边界30%的位置（对于从右向左的文字阅读习惯，则放在距右边界30%的位置）。

✻ 既然人们不看屏幕边缘，就不要把重要信息放在那儿。

✻ 把页面四周留给周边视觉，比如放置动态图片或其他体现主旨的东西，如logo、品牌展示或导航栏。

✻ 按照正常阅读顺序合理设计界面，避免让人来回跳着阅读内容。

---

7 物体会提示人应该如何使用

可能你经历过这样的事：你以为自己应该拉门把手，但其实要推才能开门。生活中，物体会提示其使用方法。例如，球形门把手的尺寸和形状暗示用户要握住并转动它；咖啡杯把手告诉用户要弯曲手指穿过它来举起杯子；剪刀暗示用户用手指穿过环形手柄，通过手指的张合来控制。如果某个物体给用户错误的暗示，比如开始提到的门把手，就会让用户恼火。物体给用户的提示称为**功能可见性**（affordance）。

James Gibson 于 1979 年提出了功能可见性的概念，把它定义为环境中各种行为的可能性。1988 年，Don Norman 在《设计心理学》一书中对该概念稍加改动，提出了**感知功能可见性**（perceived affordance）：无论是在生活中还是在计算机屏幕上，如果想让用户使用一个物体，就要保证能够让他们轻易地察觉并理解它是什么，明白应该怎么用。

人在试图完成开门或者网上购书之类的任务时，会自动且往往下意识地寻找周围可以使用的物体和工具。如果你负责为该任务设计周边环境，一定要确保环境里的物体一目了然并具有清晰的功能可见性。

请看图 7-1 的门把手。看到这样的形状，人们往往会握住它向下旋转。如果它就是这么用的，那么它的设计就很好，功能可见性很清晰。

图 7-1 这样的门把手让人想抓住并向下旋转

你可能遇见过门把手的形状暗示人们应该抓住它往外拉，却写着"PUSH"告诉人们应该推。物体传递的信息和它的用法不匹配，结果只好贴个违反直觉的标记教人怎么用。这就是**错误的功能可见性**。

屏幕上的感知功能可见性

设计网页或程序时，要多考虑屏幕上物体的功能可见性。例如，你有没有想过怎样的按钮让人想要点击它？屏幕上带阴影边沿的按钮让人知道，它可以像真实的按钮一样按下去。

图 7-2 展示了遥控器按钮，它的形状和阴影让人知道使用的时候应该向下按。

图 7-2　真实设备按钮的阴影让用户知道应该向下按

在网页上你也可以制作这样的阴影。如图 7-3 所示，按钮边缘不同颜色的阴影产生的立体感使它看上去是凹陷的。试试把书上下颠倒，再看这个按钮，是不是就变成突出可点的了？

图 7-3　看上去凹陷的按钮，倒过来看看会发生什么

这些视觉暗示很微妙却很重要。网页上许多按钮都有视觉暗示，例如图 7-4 中的按钮，但近来这种暗示渐渐变少了。图 7-5 中的按钮仅使用单色色块衬托文字。

Next Step

图 7-4　有阴影的按钮更逼真

State Agencies

图 7-5　最近的网页按钮较少使用视觉暗示

如果人们使用的是触摸屏或平板计算机，而非鼠标或触压板，那么按钮上可能不会有视觉提示，比如箭头或向上指的手。

超链接的功能可见性提示正在减少

有一类功能可见性提示众所周知：蓝色带下划线的文字是超链接，点击就会跳转到新页面。不过现在很多超链接不再设计得这么明显，只有鼠标悬停时才会出现点击的提示。

图 7-6 展示的页面就没有超链接的功能可见性提示。需要移动鼠标悬停在某处，才知道这里是否可点击跳转到别处。

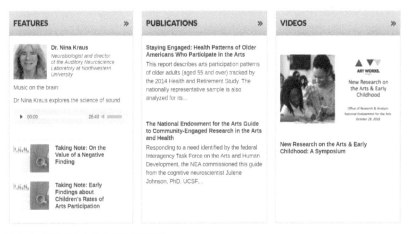

图 7-6　看不出什么地方可以点击跳转

小 贴 士

✳ 设计时要考虑功能可见性的提示。给用户操作提示后，他们就更容易正确使用物体。

✳ 用阴影来表现对象已选定或对象可用。

✳ 避免给出错误的功能可见性提示。

8 人可能会对变化视而不见

剧透警告

如果你没看过著名的"大猩猩视频",可以扫描如下二维码观看。

先做一下这个实验。否则,读完下面的分析之后,这段视频对你就没有效果了。

"大猩猩视频"是**无意视盲**(inattention blindness)和**变化视盲**(change blindness)的一个例子,揭示了一个现象:人经常对重大变化视而不见。这一点在很多实验里得到了展现,不过篮球场大猩猩实验是最著名的。

在 2010 年出版的《看不见的大猩猩》一书中,作者 Christopher Chabris 和 Daniel Simons 描述了使用眼动仪做的其他实验。眼动跟踪技术可以跟踪记录人眼观察的方向,确切地说,是中心凹注视方向,也就是中央视觉而非周边视觉的区域。针对"大猩猩视频"的眼动研究显示,所有看视频的人都曾注视大猩猩处,也就是说都看到了大猩猩,但只有一半人意识到他们看到了大猩猩。Chabris 和 Simons 对该现象进行了多次研究,并得到结论:如果人把注意力集中在一件事物上,没有预期可能发生其他改变,就很容易忽略实际发生的变化。

眼动跟踪数据有一定误导性

　　眼动跟踪技术可以让我们跟踪记录人眼所见、视线顺序和注视时间，常用来研究用户看屏幕、浏览网页甚至观察周边环境时视线的移动顺序，了解他们先看哪里、后看哪里。它的一个优点就是，不必依赖用户口述他们在看哪里，而是直接采集数据。但出于以下原因，眼动跟踪数据也会产生误导作用。

　　(1) 正如我们之前讨论的，眼动仪显示用户"注视"过哪些东西，但并不意味着他们"注意"到了它们。

　　(2) 本章提到的周边视觉研究告诉我们，周边视觉和中央视觉同样重要，而眼动仪仅侦测中央视觉。

　　(3) 早期的 Alfred Yarbus（1967）眼动跟踪研究发现，在看事物时，人眼注视的内容取决于当时听到的问题。因此，实验前和实验过程中给被试者的指示很容易使研究数据出现意外的偏差。

小 贴 士

✳ 不要认为物体出现在屏幕上就一定会被用户看见，特别是刷新页面出现改变时，比如新页面提示某个表格填的数据不对，用户很可能完全意识不到页面前后的区别。

✳ 如果要保证用户注意到界面上的某处改变，应该增加视觉提示（如使之闪烁）或听觉提示（如"哔"的一声）。

✳ 对眼动跟踪数据进行分析要谨慎，别过于重视它，也别把它作为设计决策的主要依据。

9 人们认为相邻物体必然相关

如果两个东西距离很近（比如一张照片紧邻一段文字），那么人们就会认为它们之间有联系。左右相邻的东西之间的关联最为密切。

图 9-1 中，栏间距和行间距相同，因而很难判断标题说明的是哪张照片。由于左右关联强于上下关联，又缺乏视觉提示，人们会认为左边的标题和右边的照片相关，但显然不对，这样的页面没法用。

图 9-1　很难分辨哪个标题对应哪张图片

小 贴 士

✳ 你如果希望读者认为某些图片、照片、标题或文字是相关的，就将这些内容相邻放置。

✳ 如果想使用线或框分隔内容，先尝试能否只调整间距就达到效果。有时，调整间距足以划分内容，还能使页面具有简洁的视觉效果。

✳ 无关内容间距要大，相关内容间距要小。这听起来是常识，但很多网页和屏幕布局都忽视了这一点。

10 红蓝搭配难以阅读

在呈现或印刷线条和文字时，不同的颜色会产生不同的立体效果。有的颜色似乎向外凸起，有的则向内凹陷。这种效果称为**色彩实体视觉**（chromostereopsis）。红蓝搭配的效果最为强烈，但其他颜色也有这种现象，比如红绿搭配。阅读这些颜色组合非常吃力。图 10-1 给出了三个例子。

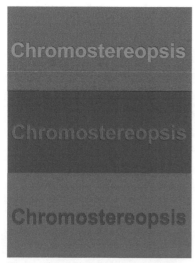

图 10-1 色彩实体视觉可能导致阅读困难

小 贴 士

✳ 在同一页面内，避免使用红蓝或红绿搭配。

✳ 红色背景上不要使用蓝色或绿色文字，蓝色背景上不要使用红色或绿色文字。

---

11 9% 的男性和 0.5% 的女性是色盲

色盲一词其实并不准确，因为多数色盲并不是完全无法分辨颜色，只是在辨别某几种颜色方面存在缺陷。色盲多数是遗传的，也有些是疾病或受伤所致。与识别颜色有关的基因大多在 X 染色体上，男性仅有一条 X 染色体，而女性有两条，因此色盲在男性中的发病率更高。

在众多不同类型的色盲中，最普遍的是红绿色盲，即无法分辨红色、黄色和绿色。蓝黄色盲（无法分辨蓝色和黄色）和全色盲（所有颜色看上去都是灰色）的情况很罕见。

以美国威斯康星州交通部网站上的一张冬季路况图为例，图 11-1 是该图在具有正常辨色能力的用户眼中的样子，图 11-2 是该图在红绿色盲者眼中的样子，图 11-3 是该图在蓝黄色盲者眼中的样子。请注意颜色的区别。

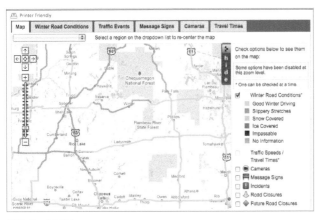

图 11-1　全彩版

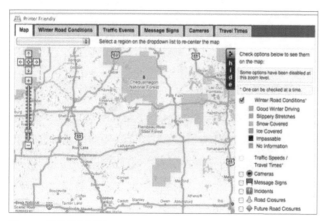

图 11-2　红绿色盲所见

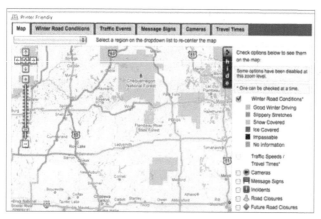

图 11-3　蓝黄色盲所见

有一种经验原则，就是在使用颜色代表特定意义时，应当同时使用另一种区分方案。例如同时使用颜色**和**线条粗细来代表不同内容。这样色盲者即使无法辨认特定颜色，也能看懂图的含义。

另一种方法则是选择所有色盲都能识别的配色方案。图 11-4、图 11-5 和图 11-6 是某网站上的某周流感传播图。该网站刻意采用了色觉正常的人和各种色盲者都能正常识别的颜色，因此这三幅图看起来几乎是一样的。

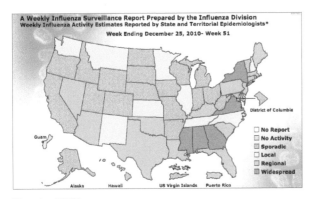

图 11-4　全彩版

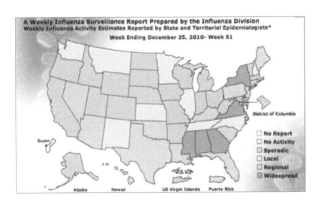

图 11-5　红绿色盲所见

图 11-6　蓝黄色盲所见

要想知道你的图片或网站在色盲者看来到底效果如何，可以使用一些网站检查。我推荐以下两个网站：

Vischeck

wickline

色盲者通常能更好地识破迷彩伪装

有人说这是因为他们不受颜色干扰，也有人说是因为他们并非用颜色来识别，而是寻找图案、材质之类的线索。总之，某些色盲者能比色觉正常的人更好地识破迷彩伪装。

小 贴 士

＊ 设计图片和网站时，用Vischeck或wickline网站检查一下，看看色盲者所见的效果如何。

＊ 如果使用颜色来代表特定含义（如绿色代表需要紧急处理的东西），应该同时使用另一种区分方案（需要紧急处理的东西不但应该设为绿色，还要在周围加上方框）。

＊ 设计配色方案时，考虑使用所有人都能正常识别的颜色，如不同色度的褐色和黄色。

12 色彩含义因文化而异

多年前，我的一位客户做了张公司业务地区彩图，以不同颜色显示各地区季度总收入。黄色代表美国东部各州，绿色代表中部各州，红色则代表西部各州。销售总监走到讲台上，开始对公司的财会人员放幻灯片。放到这张彩图时，有人倒抽了一口气，接着大家纷纷紧张地交谈，台下一片嘈杂。销售总监试着继续发言，但已抓不回大家的注意力了，因为所有人都在交头接耳。

终于有人脱口而出："西部到底出什么事了？"

销售总监反问道："什么意思？没事啊，上个季度西部不错。"

对会计和财务人员而言，红色是坏事，它有亏钱的意思。因此，演讲者只好解释，这里只是随机选择了红色而已。

色彩是具有联系和含义的。例如，红色代表赤字，即经济困难，也可以代表危险或停止；绿色代表金钱①或通行。所以选择颜色时要谨慎。此外，各种颜色在不同的小圈子看来也可能有不同的含义。

当你为世界各地的人做设计时，还必须考虑颜色在其他文化中的含义。只有少数颜色是世界通用的（如金色在多数文化中代表成功和优质），而大多数颜色在不同文化中有不同的含义。例如在美国，白色象征纯洁，用于婚礼，而在有些文化中，白色则用于死亡和葬礼。在不同国家和地区，代表幸福的颜色也不同，有可能是白色、绿色、黄色或者红色。

---

① 美元纸币是绿色的，因此绿色在美国有金钱的含义。——编者注

在 Information is Beautiful 网站里，David McCandless 通过色轮展示了色彩在不同文化中代表的不同含义。详细信息可在该网站中搜索"Colours in Cultures"查看。

 色彩与情绪的研究

研究表明，色彩会影响情绪。餐饮酒店业在这方面颇有研究。例如，在美国，橙色使人焦虑不安，因此顾客不会久待（这对快餐馆有用）；褐色和蓝色使人平静，因此人们会长时间待在这里（对酒吧有用）。但要想用某种色彩影响人的情绪，必须让人所在的环境里充满了这种颜色。对计算机用户而言，只是看到屏幕上有某种色彩，则达不到这种效果。

小 贴 士

* 谨慎选用颜色，多考虑色彩可能具有的含义。

* 找出你的设计可能涉及的几大文化或国家，并在 Information is Beautiful 网站上查看相关色彩的文化含义，以避免出现不当的理解。

第 2 章

人如何阅读

　　如今世界成人识字率已超过 80%。对很多人来说，阅读是主要的沟通手段。但我们是如何阅读的？对此，设计师应该了解什么呢？

13 大写单词难读之谜

你可能听说过，全大写单词比小写或大小混写的难读，甚至还有百分比为证，如"难读 14% 至 20%"。据说，我们是通过识别单词或词组的形状来阅读的。小写或混写单词具有高矮不同的独特形状，而全大写单词看上去一样，都是固定大小的长方形，所以理论上就更难区分（如图 13-1 所示）。

图 13-1　单词形状理论

这个解释貌似合理，但并不准确。没有研究表明单词的形状有助于提升阅读速度和准确性。以上理论是语言心理学家 James Cattell 于 1886 年提出的，当时有一些证据支持这种说法，但后来，Kenneth Paap（1984）和 Keith Rayner（1998）的研究表明，阅读时我们其实是在识别和预想字母，然后根据字母认出单词。下面，让我们仔细分析一下我们的阅读方式。

阅读并非看上去那么流畅

阅读时，我们会觉得视线在页面上平稳地移动，其实不然。眼睛一直在急促跳跃，之间只做瞬间的停留。视线的跳跃称为扫视（saccade），每次看 7~9 个字母；停留则称为凝视（fixation），每次约 250 毫秒。在扫视时，我们什么也看不见，几乎是盲的，但因为跳跃太快而察觉不到。多数扫视是按顺序向后阅读，10%~15% 的扫视是回读。

图 13-2 是扫视和凝视模式的一个例子，黑点代表凝视处，弧线则表示扫视。

图 13-2　扫视和凝视模式的一个例子

我们使用周边视觉阅读

一次扫视的跨度是 7~9 个字母，但阅读知觉广度是翻倍的。1996 年，Kenneth Goodman 发现，人用周边视觉阅读下文。视线向右移动（假设阅读是自左向右的），一次阅读 15 个字母，不过偶尔反向扫视时也会回读一些词组。虽然一次能读 15 个字母，但我们只能理解其中的一部分。我们能获知前 7 个字母的语义，但后 8 个字母只是被简单识别出来而已。

读乐谱与读文字类似

流畅阅读乐谱的人和读书时一样，使用扫视和凝视模式，每次同样读 15 个"字母"。

那么，所有的大写单词都难读吗

阅读大写单词确实慢些，那是因为读得少。我们阅读的大多是大小混写的单词，所以已经习惯了。只要加以练习，阅读大写单词就能和混写单词一样快。这并不是让你开始用全大写，毕竟人们不习惯，读起来会很慢。而且，如今全大写的文字具有"大声强调"的意味（如图 13-3 所示）。

THE DOCUMENTATION SUBMITTED WAS FOR THE INCORRECT DATES OF SERVICE. REFER TO THE PROGRAM INTEGRITY SUPPORT FILE.

图 13-3　全大写有强调的意味，但本身并不难读

大写字母阅读研究的优秀综述

针对全大写单词和大小混写单词的研究，Kevin Larson 写了一篇优秀的综述“The Science of Word Recognition”。

小　贴　士

* 人们认为全大写是大声强调的语气，也不习惯阅读，因此请尽量少用。
* 仅在写头条标题或需要引起用户注意时，才用全大写，例如在用户删除重要文件前给出的提示。

14　阅读与理解是两码事

如果你是生物学家，那么下面这段文字可能一读就懂：

"三羧酸循环的调节在很大程度上取决于底物的浓度和产物的反馈抑制。除了琥珀酸脱氢酶以外，参与三羧酸循环的其他脱氢酶都会生成还原型辅酶Ⅰ。还原型辅酶Ⅰ抑制丙酮酸脱氢酶、异柠檬酸脱氢酶和α-酮戊二酸脱氢酶，而琥珀酰辅酶A则抑制琥珀酰辅酶A合成酶和柠檬酸合成酶。"

如果你不是生物学家，可能要花很长时间才能读懂。字可能都认得，但不代表你真的理解了意思。新信息只有和已有知识结构紧密结合，才能被彻底地理解吸收。

可读性公式

有一些公式可用来计算特定文本段落的可读性。一个例子是 Flesch-Kincaid 公式，它既可以计算易读性，也可以计算出对应的阅读等级分。分越高，可读性越强；分越低，就越难读。该公式如图 14-1 所示。

$$206.835 - 1.015 \left(\frac{总词数}{总句数} \right) - 84.6 \left(\frac{总音节数}{总词数} \right)$$

图 14-1　Flesch-Kincaid 可读性公式

虽然还有另外几种公式，但没有一个是完美的，所以要谨慎使用。大多数可读性公式基于词句的平均长度做判断，假定包含较长词句的文本段落难以阅读，并不考虑某些术语和词汇对特定读者而言是否难读或难理解。

许多公式会给出"阅读等级"分。例如，这段文字属于 8 级阅读水平或 10 级阅读水平。如果对同一段文字应用不同的公式，很有可能得到不同的阅读等级分。

这意味着可读性公式并不准确也不完美，不过还是能让你对一段文字有多容易或多难阅读心中有数。

要为一般大众写作，下面是几条指南。

★ 6 级及以下容易阅读。

★ 7~9 级难度中等。

★ 10 级及以上难以阅读。

➡️ 一个计算可读性的例子

有好几种工具可以计算可读性。

我测试了一下自己博客中的一篇文章，将文字复制并粘贴至 Readability Formulas 网站的 Automatic Readability Checker 页面即可得到结果。

下面就是我测试的文本：

"But doing nothing so you can then be better at doing something seems to run counter to the idea of niksen. What about doing nothing so that you just do nothing?

"I've been teaching an 8-week Mindfulness Meditation course once or twice a year at my local yoga studio (a wonderful place called 5 Koshas in Wausau, Wisconsin). The 8-week class includes homework, such as practicing the meditation we learned in class that week every day at home, and so on. It's a pretty intensive class.

"The last time I taught it I added to the homework. I asked students to practice 5 minutes a day of niksen. I asked them to sit in nature or stare out their window, or sit in a comfy chair at home and look at the fire in the fireplace, or just stare into space. This was the one thing I got pushback on. They were willing to practice meditation for 20 minutes every day, but to sit and do nothing for 5 minutes? 'I don't have the time to do that' was the typical answer. 'I have responsibilities, children, work...'"

该网站用几种不同的公式计算了可读性，给出的结果如下。

Flesch 易读性得分：76.3，相当易读；

Flesch-Kincaid 阅读等级：7 级；

迷雾指数：8.4，相当易读；

Coleman-Liau 指数：6 级；

SMOG 指数：6 级。

结论就是：7 级；阅读等级：相当易读。

你能阅读下面这段文字吗

Eevn touhgh the wrosd are srcmaelbd, cahnecs are taht you can raed tihs praagarph aynawy. The order of the ltteers in each word is not vrey ipmrotnat. But the frsit and lsat ltteer msut be in the rhgit psotitoin. The ohter lteres can be all mxeid up and you can sitll raed whtiuot a lot of porbelms. This is bceusae radenig is all aobut atciniptanig the nxet word.[①]

阅读时，我们并不是逐字逐词地准确读完再理解，而是同时对下文进行猜读。你已有的知识越多，猜读和理解就越容易。

标题至关重要

请读下文：

首先，请按照相似特征归类。通常按颜色归类，但也可按其他特性归类，比如材质或处理方法。归类完成之后，即可启动机器。请分别处理各类，一次只向机器中放入一类。

这段文字是说什么的？有点难懂吧。那加上个标题呢？

---

① 该段文字作为可读性的例子，大部分单词除首尾字母外字母顺序均被特意打乱。译文如下：就算单词打乱了，我们还是能阅读这段文字。单词中字母的顺序并不太重要，但首尾字母必须正确。就算其他字母彻底打乱，读起来也不太费力气。这是因为阅读时人们会猜测下一个单词。——译者注

新洗衣机使用说明

首先，请按照相似特征归类。通常按颜色归类，但也可按其他特性归类，比如材质或处理方法。归类完成之后，即可启动机器。请分别处理各类，一次只向机器中放入一类。

虽然这段文字写得很差，但加上标题至少可以让大家看懂了。

➔ 人们用大脑不同部位处理词汇

在不同的读写活动中，大脑会用不同部位处理涉及的词汇。听、说、读、写、生成动词……不同的词汇活动对应大脑的不同部位，如图 14-2 所示。

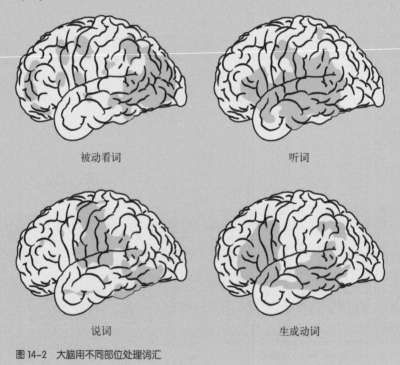

被动看词

听词

说词

生成动词

图 14-2　大脑用不同部位处理词汇

对所读内容的记忆取决于你的视角

Anderson 和 Pichert（1978）进行过一项研究。他们准备了一篇描写某座房屋及其内物品的文章，要求两组人分别从购买者和小偷的视角阅读这篇文章。立场和视角不同，读完以后，两组人记住的信息也大不相同。

小贴士

✱ 人经常阅读。对所读内容的理解和记忆取决于此前的经验、阅读时的视角和阅读前的说明。

✱ 别指望用户阅读时能记住特定信息。

✱ 要写上有意义的标题。这是你要做的最重要的事情。

✱ 文章的阅读等级要适合你的目标读者。使用简单平易的短单词可以让更多人读懂你的文章。

15 人借助模式识别不同字体的文本

千百年来，人们总是在争论什么样的字体最好识别、最适合使用，其中之一就是西文的衬线字体与无衬线字体之争。有人说无衬线字体更易读，因为字形更简洁；有人说衬线字体更易读，因为方便读者连续辨识字母。其实，研究表明，两者在理解难易度、阅读速度和使用倾向方面并无差异。

人通过模式识别来辨认字母

你能够认出图 15-1 中的所有符号都是字母 A，为什么？

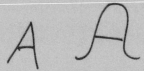

图 15-1 我们能认出字母的很多变体

你并没有记住字母 A 的这些样式，而是已在记忆里形成字母 A 的图形模式。当你看到形状类似的符号时，你的大脑就能识别出这种模式。(关于人如何识别形状的具体内容，请回顾前一章中讨论几何离子的小节。)

设计师用字体唤起一种心情或者品牌联想。有的字体具有特定时代的风味，或复古，或新潮；有的字体则表明特定的态度，或严肃，或活泼。不过，从可读性来看，只要不是花哨得难以识别，用什么字体并不重要。装饰性太强的字体会干扰大脑的模式识别能力。

图 15-2 展示了一些不同的装饰性字体。第一种较易读，其余的越来越难读，因为大脑很难识别下面那些字体的形状。

There are many fonts that are easy to read. Any of them are fine to use. But avoid a font that is so decorative that it starts to interfere with pattern recognition in the brain.

There are many fonts that are easy to read. Any of them are fine to use. But avoid a font that is so decorative that it starts to interfere with pattern recognition in the brain.

There are many fonts that are easy to read. Any of them are fine to use. But avoid a font that is so decorative that it starts to interfere with pattern recognition in the brain.

There are many fonts that are easy to read. Any of them are fine to use. But avoid a font that is so decorative that it starts to interfere with pattern recognition in the brain.

图 15-2　装饰性字体的可读性有差别

⭐ 多了解字体、排印和可读性

　　如果你对字体种类、字体排印和可读性感兴趣，可以查看 Alex Poole 的一篇好文章："Which Are More Legible: Serif or Sans Serif Typefaces?"。

难以阅读的字体会使文本内容也变难

　　Hyunjin Song 和 Norbert Schwarz（2008）在实验中发给人们一份针对某健身操的书面说明，如图 15-3 所示。如果使用易读的字体（如 Arial），人们就认为这项健身操比较容易，估计它耗时 8 分钟，并愿意把它列入日常锻炼中。但如果用了过度花哨的字体（如 Brush Script MT Italic），人们则认为健身操很难，估计它耗时 15 分钟，几乎是前者的两倍，而且不太愿意将其列入日常锻炼中。

Tuck your chin into your chest, and then lift your chin upward as far as possible. 6-10 repetitions.
Lower your left ear toward your left shoulder and then your right ear toward your right shoulder. 6-10 repetitions.

Tuck your chin into your chest, and then lift your chin upward as far as possible. 6-10 repetitions.
Lower your left ear toward your left shoulder and then your right ear toward your right shoulder. 6-10 repetitions.

图 15–3　如果介绍健身操的字体难以阅读，如图中第二种，读者就可能认为健身操本身也难以完成

小 贴 士

✳ 衬线字体和无衬线字体的可读性相同。

✳ 不常用的字体和过度花哨的字体会干扰模式识别，降低阅读速度。

✳ 当人们感觉字体难读时，会把这种判断转嫁到文本内容上，认为内容本身难以理解或难以实现。

16 字号很重要

对于字体来说，字号很重要，它应该大到足以轻松阅读。不仅老年人需要大号字，就连年轻人也会抱怨太小的字难以阅读。

因为 x 高度不同，所以相同字号的不同字体看起来大小就不同。顾名思义，"x 高度"（x-height）是指某字体小写字母 x 的高度。不同字体具有不同的 x 高度，所以即使字号一样，看上去也会大小不一。

图 16-1 展示了字号的度量标准和 x 高度的定义。

图 16-1 字号的度量标准和 x 高度的定义

Tahoma、Verdana 等设计较晚的字体具有较大的 x 高度，因此更适合在屏幕上阅读。图 16-2 展示了相同字号的不同字体。有些字体的 x 高度较大，因此看上去要大一些。

All the fonts in this illustration are the same size, but some look larger than others because the x-height of different font families vary. This one is Arial.

All the fonts in this illustration are the same size, but some look larger than others because the x-height of different font families vary. This one is Times New Roman.

All the fonts in this illustration are the same size, but some look larger than others because the x-height of different font families vary. This one is Verdana.

All the fonts in this illustration are the same size, but some look larger than others because the x-height of different font families vary. This one is Tahoma.

图 16-2　较大的 x 高度能让字体看上去更大

小　贴　士

＊　选择足够大的字号，以方便各年龄段的读者阅读。

＊　应选择 x 高度大的字体，使字体显得较大。

17 电子阅读比纸质阅读更难

在屏幕上和在纸上的阅读体验是不同的。在屏幕上阅读时，图像是不稳定的、时常会刷新，而且屏幕也在发光；在纸上阅读时，图像是稳定的、不会刷新，而且报纸反射光、不会发光。屏幕的刷新和发光会让眼睛疲劳。电子墨水（如 Kindle）模拟了纸质印刷效果，反射光且图像稳定不刷新。

为了让文字在屏幕上更易读，务必使用大一点的字体，并确保字与底色的对比度足够大。图 17-1 展示了最佳可读性组合：白底黑字。

In order to make text readable make sure that you have enough contrast between the text and the background.	黑底白字难读
In order to make text readable make sure that you have enough contrast between the text and the background.	要保证字与底色的对比度足够大
In order to make text readable make sure that you have enough contrast between the text and the background.	白底黑字是最佳组合

图 17-1 白底黑字是最易读的

小 贴 士

✳ 在屏幕上要用较大的字体，以减轻眼疲劳。

✳ 应该把文本分块，并且使用着重号、短段落和图片。

✳ 加大字与底色的对比度，白底黑字最易读。

✳ 确保内容值得一读。阅读问题归根结底取决于文章本身是否让读者感兴趣。确保自己明白读者想读什么或需要读什么，然后尽可能清晰地提供这些内容。

18 每行字数较多时读得更快，但人们偏好短行

你有没有烦恼过屏幕上的栏宽该用多少？到底应该选择每行 100 个字符①的宽栏，还是每行 50 个字符的窄栏，或者是两者之间的某个值？这得看你是想让用户读得更快，还是想让读者喜欢你的页面。

Mary Dyson（2004）就行宽进行了研究，并参考了相关研究，试图找出人们偏好的行宽数值。结果表明，在屏幕上，每行 100 个字符时阅读**速度**最快，但人们**偏好**较小的行宽（每行 45~72 个字符）。

⭐ **长行更易读，因为打断扫视和凝视连续性的次数更少**

> 每次读到行末，眼睛的扫视和凝视动作都会被打断。对于同一篇文章，如果每行较短，则全文中打断阅读的次数就较多。

她的研究还发现，人们阅读较宽的单栏文章更快，但更喜欢阅读分栏文章。

如果你问人们喜欢哪种排版方式，他们会说短行分栏的更好。有趣的是，如果你问他们哪种读起来更快，他们还是会坚持说同样是短行分栏的，虽然调查结果截然相反。

图 18-1 和图 18-2 分别是长行和短行的例子。

---

① 一个英文字母、阿拉伯数字、半角标点符号相当于一个字符，一个汉字、全角标点符号相当于两个字符。——编者注

HUD APPROVES SETTLEMENT INVOLVING CALIFORNIA HOUSING PROVIDERS ACCUSED OF DISCRIMINATING AGAINST FAMILIES WITH CHILDREN

WASHINGTON - The U.S. Department of Housing and Urban Development (HUD) announced today t it has approved a Conciliation Agreement between Oberhauser Trust, in Escondido, and its leasing agent, First Core Group, Inc, doing business as Keller Williams Realty, in Glendale, California, settling claims that the leasing agent allegedly denied a father of two children the opportunity to rent a condominium. Read the agreement.

The Fair Housing Act prohibits housing providers from denying or limiting housing to families with children under age 18, including refusing to negotiate and making discriminatory statements based on familial status.

"Families today face enough challenges without being denied a place to call home because they have children," said Anna Maria Farias, HUD's Assistant Secretary for Fair Housing and Equal Opportunity. "HUD will continue working to ensure that housing providers meet their obligation under the Fair Housing Act to treat home seekers with children equally."

The case came to HUD's attention after a father of two and his father-in-law filed a complaint alleging that the father was denied the opportunity to rent a condominium because he has two young daughters who would be living with him part-time. The father alleged that the leasing agent refused to consider his application for the unit, saying, "I don't want to waste your time or mine. Sorry." The owner and leasing company deny that they discriminated against the family but agreed to settle the complaint.

Under the terms of the agreement, the owners and brokerage agency will pay $10,000 to the father and will revise their fair housing policy to contain provisions that there are no preferences against renting or selling properties to families with children. In addition, representatives of the owners and their leasing agents will attend fair housing training.

People who believe they have experienced discrimination may file a complaint by contacting HUD's Office of Fair Housing and Equal Opportunity at (800) 669-9777 (voice) or (800) 927-9275 (TTY). Housing discrimination complaints may also be filed by going to hud.gov/fair housing.

图 18-1　长行

ARTS & HUMAN DEVELOPMENT TASK FORCE »	ARTS EDUCATION PARTNERSHIP »	BLUE STAR MUSEUMS »
Beginning in 2011, the NEA has convened a Federal Interagency Task Force on the Arts and Human Development to encourage more and better research on how the arts can help people reach their full potential at all stages of life	The Arts Education Partnership, a collaboration among the NEA, the U.S. Department of Education, and the Education Commission of the States as well as all AEP partner organizations, convenes forums to discuss topics in arts education, publishes research materials supporting the role of arts education in schools, and acts as a clearinghouse for arts education resource material.	Blue Star Museums is a collaboration among the NEA, Blue Star Families, the Department of Defense, and more than 2,000 museums in all 50 states that offers free admission to active-duty military personnel and their families during the summer.
CITIZENS' INSTITUTE ON RURAL DESIGN »	CREATIVE FORCES »	INTERNATIONAL »
The Citizens' Institute on Rural Design (CIRD) is a leadership initiative of the National Endowment for the Arts in partnership with the Housing Assistance Council and buildingcommunityWORKSHOP. Focusing on communities with populations of 50,000 or less, CIRD's goal is to enhance the quality of life and economic viability of rural America through planning, design, and creative placemaking.	Creative Forces: NEA Military Healing Arts Network places creative arts therapies at the core of patient-centered care at 11 clinical sites throughout the country, plus a telehealth program, and increases access to therapeutic arts activities in local communities for military members, veterans, and their families. These programs serve the unique and special needs of military patients who have been diagnosed with traumatic brain injury and psychological health	Through cooperative initiatives with other funders, the National Endowment for the Arts brings the benefit of international exchange to arts organizations, artists, and audiences nationwide. NEA's international activities increase recognition of the excellence of U.S. arts around the world and broaden the scope of experience of American artists, thereby enriching the art they create.

图 18-2　短行

　　行宽问题让人左右为难：你是应该迎合读者，使用短行分栏的版式，还是应该背其所好，使用长行单栏版式以提高阅读速度呢？

　　例如，如果你是在关于病毒暴发的网页上展示医学专家的最新信息，最好使用长行来推进阅读速度。因为读者已经有了阅读内容的动力（想尽快知道最新信息），所以速度很重要。此时使用较大的行宽，如每行 80~100 个字符。

相反，如果你是在为当地艺术博物馆撰写关于最近的现代艺术展的内容，并且希望社区里的艺术爱好者阅读文章后来看展览，那么应该选用短行来诱使其读文章。如果行宽较大，他们可能会读不下去。此时每行使用 45~72 个字符。

小 贴 士

✳ 你必须判断对特定的内容和特定的读者而言，什么才是更重要的：阅读速度还是读者偏好？

✳ 如果读者需要快速阅读，就用较大的行宽（每行80~100个字符）。

✳ 如果读者不需要快速阅读，就用较小的行宽（每行45~72个字符）。

第 3 章

人如何记忆

来，我们先做个记忆测试。花 30 秒时间反复读下列英文单词，再继续读后面的章节。

Meeting	Computer	Phone
Work	Papers	Chair
Presentation	Pen	Shelf
Office	Staff	Table
Deadline	Whiteboard	Secretary

我们后面还会用到这些单词。下面，让我们先了解一下人类记忆的弱点和复杂性。

19 短期记忆是有限的

　　我们都有过这样的经历：通电话时，对方告诉你必须立刻联系某人，并提供了那人的名字和电话号码，但是你没有笔和纸写下来，只好一遍遍重复说这个名字和号码来帮助记忆，然后赶紧挂了电话，趁还没忘记立刻拨出。你会发现这种情况下的记忆并不可靠。

　　关于这种记忆的原理，心理学家有很多理论。有人称之为短期记忆，也有人称之为工作记忆。在本章里，我们将这种需要维持不到一分钟的快速记忆称为**工作记忆**（working memory）。

工作记忆与集中注意力

　　只有一部分人能顺利保留短时间的工作记忆。工作记忆的信息很容易受到干扰。例如，在你努力记住人名和电话号码的时候，如果有人开始和你聊天，你多半会很恼火，而且会忘记刚记下的人名和电话。如果你不集中注意力，这些信息就会从工作记忆中消失。这是因为工作记忆取决于你集中注意力的能力。要保留工作记忆中的信息，你必须全神贯注。

➡ 大脑活动随工作记忆激活

　　关于记忆的理论可追溯到 19 世纪初。现在的研究者使用 fMRI（功能性磁共振成像）技术，可以直接观察人们执行各种任务和接触图片、文字、声音信息时大脑活动的部位。当一项任务涉及工作记忆时，用于集中注意力的前额皮质就会激活，大脑其余部位也会处于激活状态。例如，如果一项任务包含记忆单词和数字，那么左脑同时会有活动；如果任务包含空间关系思维，如在地图上找地点，那么右脑同时也会有活动。

　　最有趣的发现可能就是，当工作记忆启用时，大脑这些部位与前额皮质间的联系就会增加。当工作记忆激活时，前额皮质会选择恰当的策略，决定对什么集中注意力。这对记忆有着重大的影响。

用 fMRI 技术扫描大脑会发现，人在承受压力时，前额皮质（额头后方的大脑区域）活动较弱。这表明压力会削弱工作记忆的效果。

工作记忆与感官输入

有趣的是，在给定时间内，工作记忆与感官输入量是负相关的。具有高效工作记忆的人，能更好地屏蔽周围的干扰。前额皮质决定了要关注的对象。如果能忽视周围的一切感官刺激，将注意力集中于工作记忆中的那一件事，你就能记住它了。

> **工作记忆越好，学习成绩越好**
>
> 最新研究将工作记忆与学习成绩联系了起来。Tracy Alloway（2010）测试了一组 5 岁儿童的工作记忆容量，并进行长期跟踪观察。他们 5 岁时的工作记忆预示了在高中及以后阶段的表现：工作记忆容量高的孩子在学业上更为成功。这不足为奇，因为在记忆老师的教导时就要用到工作记忆，而且工作记忆可以转变为长期记忆，我们稍后会介绍这方面的内容。不过有趣的是，工作记忆是可以测定的，因此如果孩子的测试分低，就可以据此安排教学干预。这是找出可能面临学业问题的学生的简便方法，而且让老师和家长有机会尽早解决这些问题。

小 贴 士

* 不要让人们记忆处于其他位置的内容，比如读取某一页上的文字或数字，然后输入到另一页上。如果你这么干了，他们很可能会忘记信息，因此信心遭受打击。

* 如果要让人们使用工作记忆记东西，那么在完成任务前别让他们做其他事情。工作记忆很容易被干扰，过多感官输入会让他们无法集中注意力。

20 人一次只能记住四项事物

如果你熟悉可用性、心理学或记忆方面的研究，那么你可能听过所谓的"神奇的数字 7 加减 2"。实际上，这指的是在我看来算是传闻的一种说法：George A. Miller（1956）在论文里提到，人一次能记住 5~9 件事或者处理 5~9 条信息（5~9 就是 7 加减 2）。所以一个菜单里只能放 5~9 项，一个页面上只能放 5~9 个标签。你听过这个传说吗？其实，这个规则并不准确。

为什么它是传说

心理学家 Alan Baddeley 质疑 7 加减 2 规则。Baddeley（1994）翻出 Miller 的文章，发现那并不是真正的研究报告，只是一次专业会议的讲稿。Miller 基本上是自言自语，猜想人能够同时处理的信息量有没有固有的限制。

Baddeley（1986）对人类记忆和信息处理进行了大量研究。此外，Nelson Cowan（2001）等研究者也追随了他的脚步。现在研究表明，那个"神奇的数字"其实是 4。

利用组块把 4 变多

如果人能够集中注意力，其信息处理过程也不受干扰，那么其工作记忆中能保存 3~4 项事物。

为了改善不稳定的工作记忆，人们会采取一些有趣的策略，其中之一就是将信息"组块记忆"。美国的电话号码具有下面这种形式是有原因的。

712-569-4532

记电话号码不用分别记 10 个数字，只要记住 3 组就行，每组有 3~4 个数字。你如果能记住区号，也就是说把它保存在长期记忆里，就不必再记忆那一块数字信息了。

很多年前，电话号码是很好记的，因为联系人大多是本地的朋友，区号不必保存在工作记忆里，而是存储在长期记忆中。（我们很快就会讲到长期记忆。）那时候，如果要拨的号码与自己电话号码的区号一致，你甚至不用拨区号。现在，很多地方都取消了这种做法。而且那时候，同地区的人使用同样的交换码，例如我们刚刚提到的电话号码中的 569，这样就更简单了，拨打本地电话时只要记住后 4 位就行了。轻而易举！（我知道，介绍这些陈年旧事的同时，也暴露出了自己上了年纪的事实。不过在我现在居住的威斯康星州的一个小村庄，当地人依旧只留后 4 位电话号码，虽说已经不能只拨 4 位了。）

四项事物法则也适用于读取记忆

四项事物法则不仅适用于工作记忆，也适用于长期记忆。George Mandler（1969）指出，人们能分门别类地记住信息，并且如果每个记忆类别里只有 1~3 条信息，那么人们能够出色地回忆起来。当每类超过 3 条信息时，记忆效果就会相应下降，每类有 4~6 条信息时，人能记住 80%；存储的信息条数越多，记住的比例就越低，当每类有 80 条信息时，人只能记住 20%（如图 20-1 所示）。

Donald Broadbent（1975）要求人们回忆不同类别的事物，例如 7 个小矮人的名字、彩虹的 7 种颜色、欧洲各国的名称和当前播放的电视节目名。他发现，人们能记住一组事物中的 2~4 项。

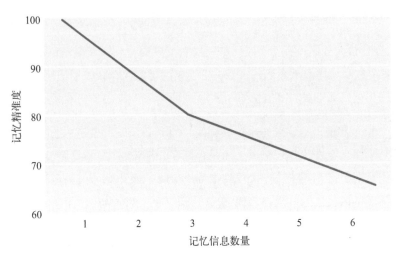

图 20-1　要求记忆的内容越多，记忆精准度越低

⭐ 连黑猩猩都可以

　　Nobuyuki Kawai 和 Tetsuro Matsuzawa（2000）训练过一只雌性黑猩猩 Ai，使它能完成类似人类做的记忆力测试。它在记忆 4 个数字时以 95% 的准确率完成了测试，但记忆 5 个数字时就只有 65% 的准确率了。

小 贴 士

✳ 把选项或信息限制在3~4条。例如，提供关于更多信息的链接时，将其数量限制在3~4条。

✳ 如果无法将链接、主题或选项限制在3~4条，就将信息分成3~4个组块。例如，让人们选择接下来要做什么时，不要展示一个包含10个主题或项目的列表，而是要将项目分成3~4组，每组各含有3~4项。

✳ 对信息分块或分组时，确保每个组块中不超过4项。

✳ 注意，在工作记忆不堪重负时，人们喜欢使用辅助的记忆手段，有时称为"工作辅助"。如果你观察到用户在使用你的产品时必须查看清单、笔记和便利贴等，就说明他们的工作记忆被占满了。

21 人必须借助信息巩固记忆

人们是如何把工作记忆转变为长期记忆的？基本上有两种方法，一是大量重复，二是把新信息与熟悉事物联系起来。

重复会改变大脑结构

大脑里有 100 亿神经元用于存储记忆。电脉冲在神经元内部可以直接传导，在神经元之间则借助神经递质从突触间隙的一侧传递到另一侧。每当我们重复单词、短语、歌或电话号码从而尝试记住时，大脑神经元就会放电。记忆被存储为神经元之间的关联模式。当两个神经元激发时，它们之间的联系便会增强。

当一条信息的重复次数足够多时，神经细胞间就会形成放电轨迹。此后，一旦开始回忆，便会依次触发后续信息，从而完成回忆。因此，人们需要通过重复来巩固记忆。

图式的力量

如果我让你描述"头"是什么，你可能会说大脑、头发、眼睛、鼻子、耳朵、皮肤和脖子等。头由很多东西组成，你把这些东西集合起来称之为"头"。同样，如果我问你"眼睛"是什么，你想到的会是组成眼睛的所有东西：眼球、虹膜、睫毛和眼睑等。这里的头和眼睛就是**图式**（schema），人们通过图式来存储和读取长期记忆。

如果人们能把新信息与已有信息联系起来，就更容易强化新信息或者把它保存在长期记忆里，从而更好地记住和回忆这些信息。长期记忆中的此类联系可以借助图式建立起来。仅一个图式，就能帮助人们组织许多信息（如图 21-1 所示）。

专家用图式来记忆

在某方面专长越明显的人，其在该领域的图式就越有条理，作用也越大。例如，国际象棋新手需要很多小图式：第一个是开局前如何放棋子，第二个是皇后怎么移动，等等。但高手可以轻松地把大量信息存储为一个图式，看一眼棋局的中盘就知道开局的棋谱、双方的战术以及下一步的可能走法，而且当然能记住棋子的初始位置和移动规则。新手需要存为多个图式的内容，高手只需一个就够了。因此，象棋高手记忆读取更快、更轻松，更容易将新信息存储为长期记忆。他们能将大量信息记为一组（如图 21-2 所示）。

图 21-1 头由眼、耳、鼻、口和头发等组成，这些部位组合为一个图式之后便更易记忆

图 21-2 对象棋高手而言，棋盘上的一切都能被记忆为一个图式

小 贴 士

＊ 如果想让人们记住某事物，那么你必须让它重复出现。熟能生巧，此言不虚。

＊ 用户或客户研究的主要目的之一就是发现和理解目标用户的记忆图式。

＊ 如果用户已经形成了与你提供信息相关的记忆图式，请明确向他们指出那个图式。他们如果能把新信息加入已有图式，那么学习和记忆都会更容易。

22　再认比回忆更容易

还记得本章开头的那个测试吗？请尽可能多地默写出那个列表中的单词。我们会用这个记忆测试来讨论再认和回忆的问题。

再认比回忆更容易

在刚才的记忆测试中，你先记住列表中的单词，然后默写下来。这称为**回忆任务**（recall task）。如果我让你看一个单词表，或者让你走进一间办公室，然后说出哪些东西在列表上出现过，那这就是个**再认任务**（recognition task）。再认比回忆更容易，因为再认可以借助环境，环境有助于记忆。

回忆包含错误

刚才测试里你记住的词都是关于办公室的。对比本章开头的列表，检查你默写得是否正确。可能你会写下跟"办公室"图式有关、但根本没出现在原列表中的单词，比如 desk、pencil 或 boss。有意无意地，你感觉到那个列表里的东西都跟办公室有关。这样的图式帮助你记住列表内容，但也导致回忆包含错误。

> ➡️ **儿童的回忆包含错误更少**
>
> 如果让 5 岁以下的儿童看一些物品或图片，然后要求他们回忆看到的内容，那么由于他们的图式尚不完善，回忆包含错误会比成人更少。

小 贴 士

* 尽量减轻记忆负担。
* 利用自动填充和下拉菜单等用户界面功能，使人们不需要回忆信息。

23 记忆占用大量脑力资源

最新的潜意识心理加工研究表明，人每秒接受 400 亿个感官输入，一次能注意到 40 个。这难道不意味着我们一次能够处理并记住 4 项以上信息吗？其实，当你感知到某个感官输入时（例如声音、风轻拂皮肤的感觉和面前的石头），你只是感知到有东西存在而已，并不需要记住它或者做出反应。对 40 个东西产生意识知觉并不等于对 40 条信息进行有意识的加工。思考、记忆、加工、表达和编码信息需要大量的脑力资源。

记忆易被扰乱

想象你正在研讨会上听报告。报告结束后，你在大堂遇见一位好友。对方问你："报告的主题是什么？"你这时很可能只记得报告结尾介绍的内容。这称作**近因效应**（recency effect）。

如果报告过程中，你的手机振动了，你回短信时有一分钟没注意听讲，那你很可能只记得报告的开头而忘了结尾。这称为**后缀效应**（suffix effect）。

★ 与记忆有关的趣味知识

- 具象词（桌子、椅子）比抽象词（正义、民主）更易变成长期记忆。
- 人伤心时倾向于想起伤心事。
- 人对 3 岁以前的经历记忆甚少。
- 实物（视觉记忆）比单词更容易记。

睡觉做梦可以巩固记忆

有些优秀的研究其实是无心插柳。1991年，神经科学家Matthew Wilson正在研究大鼠走迷宫时的脑部活动。一天他忘记断开仪器连接，大鼠始终连接着记录脑部活动的仪器，并且睡着了。结果，他意外发现，大鼠睡觉时和走迷宫时的大脑活动相差无几。

Daoyun Ji和Wilson（2007）对此进行了一系列实验，通过深入研究得出一项理论，该理论不但适用于大鼠，也适用于人：人在睡觉做梦时，大脑其实还在学习、巩固白天的经验。特别的是，大脑会巩固新记忆，并根据白天获取的信息建立新的联系。此时，大脑在判断应该记住哪些信息，又应该忘记哪些信息。

为什么押韵歌谣更好记

音韵（文字的发音）编码有助于回忆信息。在文字出现之前，故事是通过歌谣记忆和流传的。歌谣的上一句很容易让人回想起下一句，例如，你可能学过"一三五七八十腊，三十一天永不差"，这句口诀就是音韵编码的例子。

小 贴 士

* 使用具象词或图标，它们更容易记忆。

* 如果你想让用户记住信息，那就允许他们休息甚至睡觉。如果你在设计一个流程或一项服务（如飞行员的模拟训练），别忘了把睡眠纳入其中。

* 当人们在学习或编码信息时，不要打断他们。

* 演讲报告的中间部分一般最容易被忘记。

24 回忆会重构记忆

请回想至少发生于 5 年前的某件事。你也许会想到一场婚礼、一次家庭聚会、与朋友的聚餐或是外出度假。再想想都有哪些人,当时是在哪儿。也许你还能想起当时的天气和你的穿着。

记忆会变

当你回想这件事情时,记忆可能像电影一样在你的脑海里回放。因此你很可能认为记忆就像电影一样,完整存储、经久不变。但事实并非如此。

实际上,每当回想时,记忆都会重构。记忆并非存在大脑某处的电影,也不像硬盘上存储的文件。记忆是一回想就会放电重建的神经通路,因此产生了一些有趣的效应。比如,每次回忆时,记忆都会改变。

后续事件可能会改变对原始事件的记忆。在原始事件里,你和表哥是好朋友。但是后来你们发生了争吵,数年都没有和好。久而久之,当你回想最初的事件时,记忆不经意地变了。你会记得表哥一直对你冷冰冰的,尽管并非这样。后续事件改变了你的记忆。

你还会编造一系列事件来填补记忆的空白,但是编造的事件对你来说就像原始事件一样真实。比如你回想起一次家庭聚餐,但记不得都有哪些人参加了。因为 Jolene 姑姑往往会到场,所以即使那一次并没有她,久而久之你还是会"记得"她参加了那次家庭聚餐。

为什么目击者的证词不可靠

Elizabeth Loftus(1974)在一项重构记忆的研究中,先向被试者展示一段车祸录像,然后使用不同的关键词,问他们一系列与车祸有关的问题。例如,她会问"你估计那辆车碰到另一辆车时的车速是多少"或者"你估计那辆车撞到另一辆车时的车速是多少",而且会问他们有没有看到玻璃撞碎了。

注意,"碰到"(hit)和"撞到"(smash)的用词。如果提问使用了"撞到",回答者所估车速会比提问"碰到"时更快,而且此时记得有玻璃撞碎的人也超过"碰到"时的两倍。在后续研究中,Loftus 和 Palmer 甚至能够使被试者对从未发生过的事件产生记忆。

让目击者闭上眼吧

据 Perfect(2008)的研究,如果让目击者闭眼回忆当时所见,他们的记忆会更清楚、更准确。

记忆确实可以被抹去

你看过《美丽心灵的永恒阳光》这部电影吗?电影中有一种行业可以消除人的特定记忆。结果人们发现这并非天方夜谭。约翰·霍普金斯大学科学家 Roger Clem(2010)的研究表明,记忆确实可以被抹去。

重构记忆对用户研究的影响

我们知道长期记忆可能有误,因此开展用户研究时要格外小心偏差效应。最好观察用户做了什么,而非问他们过去做了什么。此外,还需要谨慎使用访谈问题的措辞,因为你的用词可能会影响得到的回答。

小 贴 士

❋ 如果你正在就某个产品向客户或用户获取反馈,那么要谨慎措辞,因为你的用词会影响对方"回忆"的结果和回答。

❋ 别依靠人们对各自经历的回忆。人无法准确记忆过去的言行和见闻。

❋ 酌情采信人们事后说的话,比如他们事后回想的产品使用经验或客服热线拨打体验。

25 忘记是好事

忘事似乎是个大问题。往轻里说，它会让人烦恼，比如发愁道："我把钥匙放哪儿了呢？"往重里说，则会因为错误的目击证词而抓错犯人。为什么人类会有这种缺乏适应性的特征呢？为什么我们会有这么大的缺陷呢？

其实，这不是缺陷。你想想，人这一生中，每分每秒、每天每年总共会获取多少感官输入和体验！人如果记得每一件事，那根本没法正常生活了，所以必须忘记一些事情。大脑时刻都在决定应该记住什么，忘记什么。这些决定未必都能起到积极的作用，但总体来说，这些决定（大部分是无意识的决定）能让你活得好好的。

关于遗忘速度的公式

1886 年，Hermann Ebbinghaus 提出了关于遗忘速度的公式：

$$R=e^{(-t/S)}$$

其中 R 代表记忆保留比例，S 代表记忆力相对强度，t 代表时间。

公式结果反映成曲线图如图 25-1 所示，称为遗忘曲线。它表明，人会很快忘记非长期记忆的内容。

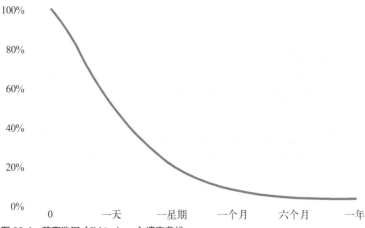

图 25-1　艾宾浩斯（Ebbinghaus）遗忘曲线

设计时考虑遗忘因素

不要指望人们记住信息，要提供他们需要的信息或便捷的查找方式。

在选项按钮和下拉菜单出现之前，大多数软件需要用户记住可能会填入文本框的大量数据。现在，选项按钮和下拉菜单等用户界面元素减轻了人们的记忆负担，帮助其避免遗忘。

图 25-2 展示了下拉列表框帮助人们记忆选项的典型场景。

图 25-2　下拉菜单帮助人们减轻记忆负担，避免遗忘

✳ 人们总是会忘记一些事。

✳ 人们不是有意判断应该遗忘哪些内容的。

✳ 设计时，请考虑到遗忘的因素。不要指望用户能记住重要的信息，而应该在设计时提供此类信息或提供便捷的查找方式。例如，使用下拉列表框来展示选项，而非让用户记住要填入什么。

26 最生动的记忆是错的

2001 年 9 月 11 日，纽约遭到了袭击。如果你有 30 多岁，那么让你回忆第一次听说这件事时身在哪里、在做什么的话，你很可能会非常详细地描述那天的情形。如果你住在美国，当时年龄超过了 10 岁，那你可能会记起很多细节，比如当时你是怎么知道那两次袭击的，你和谁在一起，那天后来你做了什么。但研究表明，你的这些记忆里有不少甚至大多数内容是错的。

闪光灯记忆是生动的

详细记住创伤或重大事件的记忆称为**闪光灯记忆**。负责处理情绪的杏仁核的位置非常接近海马体，而海马体与长期记忆有关，所以心理学家完全可以理解，充满感情的记忆可能会非常深刻、生动。

虽然生动却错误百出

闪光灯记忆虽然生动，但是充满错误。1986 年，"挑战者号" 航天飞机发生了爆炸，你对此可能记忆犹新。这一悲惨事件发生的第二天，研究闪光灯记忆的 Ulric Neisser 教授让学生们写下了对此事的回忆。三年后，他再次让学生们写下对此事的回忆。超过 90% 的人前后写的内容不一致，其中有半数人对三分之二的细节记忆不准确。有一名学生看到自己三年前写的内容时，说道："我知道这是我的笔迹，但是我不可能写出这些话。" 后来，要求人们回忆 "9·11" 袭击事件的类似研究，也得出了类似的结果。

艾宾浩斯遗忘曲线说明，记忆会随时间很快衰退。闪光灯记忆非常生动，因此人们曾经认为它不会像其他记忆那样容易遗忘。但令人担忧的事实是，它们确实会被遗忘。因为这些记忆如此生动，我们会以为它们是真实的。但是我们错了。

小 贴 士

* 与其他类型的记忆相比，人们对重大或创伤性体验的记忆更生动、更确信。

* 对重大或创伤性体验的记忆大多充满错误。

* 无论人们对事件的记忆多么确信，你都应该假定大多数长期记忆并不完全准确。

* 如果你在访谈中要求人们回忆事件，要记住他们所说的可能不太准确。

第 4 章

人如何思考

　　大脑共有 230 亿个神经元，具有非常强大的处理能力。那么，大脑究竟是如何运作的?

　　对设计师来说，理解人们如何思考是至关重要的。大脑里不仅存在视觉错觉，也存在思维错觉。本章讲述了大脑解析世界时发生的一些趣事。

27 人更擅长处理小块信息

大脑一次只能有意识地处理少量信息。（据估计，人每秒约处理400亿条信息，其中只有40条是有意识加工的。）设计师经常会犯的一个错误就是一次给用户提供太多信息。

应用渐进呈现的设计理念

渐进呈现（progressive disclosure）即每次只展示用户当前需要的信息，并让用户通过点击来获取其想了解或需要了解的主题详情。

不使用渐进呈现的话，页面就会非常长，其中的大量信息可能让读者不知所措。

以美国社会保障局网站为例，关于遗属抚恤金计划的页面非常长，而且没有渐进呈现（如图 27-1、图 27-2 和图 27-3 所示）。

图 27-1　网页第一屏

appointment is not required, but if you call ahead and schedule one, it may reduce the time you spend waiting to speak to someone.

Does Social Security pay death benefits?

A one-time lump-sum death payment of $255 can be paid to the surviving spouse if he or she was living with the deceased; or, if living apart, was receiving certain Social Security benefits on the deceased's record.

If there is no surviving spouse, the payment is made to a child who is eligible for benefits on the deceased's record in the month of death.

What happens if the deceased received monthly benefits?

If the deceased was receiving Social Security benefits, you must return the benefit received for the month of death and any later months.

For example, if the person died in July, you must return the benefits paid in August. How you return the benefits depends on how the deceased received benefits:

- For funds received by direct deposit, contact the bank or other financial institution. Request that any funds received for the month of death or later be returned to Social Security.
- Benefits received by check must be returned to Social Security as soon as possible. **Do not cash any checks** received for the month in which the person dies or later.

Who receives benefits?

Certain family members may be eligible to receive monthly benefits, including:

- A widow or widower age 60 or older (age 50 or older if disabled),
- A surviving divorced spouse, under certain circumstances,
- A widow or widower at any age who is caring for the deceased's child who is under age 16 or disabled and receiving benefits on their record,
- An unmarried child of the deceased who is:
  - Younger than age 18 (or up to age 19 if he or she is a full-time student in an elementary or secondary school); or
  - Age 18 or older with a disability that began before age 22.

Are other family members eligible?

Under certain circumstances, the following family members may be eligible:

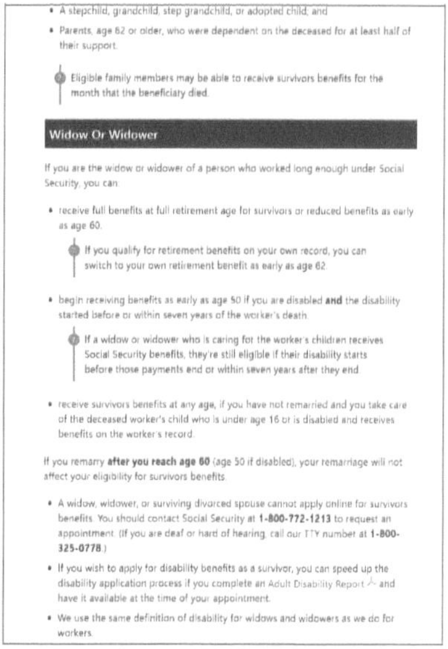

- A stepchild, grandchild, step grandchild, or adopted child; and
- Parents, age 62 or older, who were dependent on the deceased for at least half of their support.

Eligible family members may be able to receive survivors benefits for the month that the beneficiary died.

Widow Or Widower

If you are the widow or widower of a person who worked long enough under Social Security, you can:

- receive full benefits at full retirement age for survivors or reduced benefits as early as age 60.
  - If you qualify for retirement benefits on your own record, you can switch to your own retirement benefit as early as age 62.
- begin receiving benefits as early as age 50 if you are disabled and the disability started before or within seven years of the worker's death.
  - If a widow or widower who is caring for the worker's children receives Social Security benefits, they're still eligible if their disability starts before those payments end or within seven years after they end.
- receive survivors benefits at any age, if you have not remarried and you take care of the deceased worker's child who is under age 16 or disabled and receives benefits on the worker's record.

If you remarry **after you reach age 60** (age 50 if disabled), your remarriage will not affect your eligibility for survivors benefits.

- A widow, widower, or surviving divorced spouse cannot apply online for survivors benefits. You should contact Social Security at **1-800-772-1213** to request an appointment. (If you are deaf or hard of hearing, call our TTY number at **1-800-325-0778**.)
- If you wish to apply for disability benefits as a survivor, you can speed up the disability application process if you complete an Adult Disability Report and have it available at the time of your appointment.
- We use the same definition of disability for widows and widowers as we do for workers.

图 27-2　向下滚动,还在这个页面上　　　图 27-3　再向下滚动,仍在这个页面上

　　实际上,读者需要向下滚动 7 屏才能看完网页。如果采用渐进呈现,就能把每个主题浓缩成一两句话,让读者通过点击或按键来获取更多信息。这尤为适合该网页上的信息类型,因为对各个读者而言,只有几个小节符合自身的情况。

点击次数不是关键

　　渐进呈现需要多次点击。你也许听说过,网站设计应该将用户得到详细信息所需的点击次数尽量减少。但是点击次数并不重要,人们非常愿意多次点击。其实,如果用户在每次点击时都能得到适量信息,愿意沿着设计思路继续查看网站,那么他们根本不会注意到点击的操作。你应该考虑渐进呈现设计,不要在意点击次数。

了解谁什么时候需要什么

渐进呈现是个好方法，但前提条件是你得了解多数用户在多数时候需要什么信息。如果你没做足这方面的调研，那么你的网站会让人受挫，因为多数用户要花大量时间才能找到他们需要的信息。渐进呈现的方法仅在你了解多数用户每一步需要什么信息时才有效。

⭐ 详情请读《点石成金》

Steve Krug 的著作《点石成金：访客至上的网页设计秘笈》介绍了如何设计出无须动脑就能使用的界面。

➡ 渐进呈现的起源

"渐进呈现"这个词最早由教学设计专家 J.M. Keller 教授提出。在 20 世纪 80 年代早期，他提出了 ARCS（注意、关联、信心、满意）的教学设计模型。该模型的一部分就是渐进呈现：仅展示学员当前需要的信息。

小 贴 士

✳ 使用渐进呈现，仅在用户需要时才展示他们需要的信息。用链接引导用户获得详情。

✳ 如果不得不在让用户点击和让用户动脑之间做出取舍，那么多几次点击，少一点动脑思考吧。

✳ 在你使用渐进呈现之前，务必做足调研，搞清楚多数用户需要什么信息，且在什么时候需要。

28 有些心理活动难度更大

　　假设你正在使用网上银行为信用卡还款，必须考虑每张账单需要何时付款，需要查看收支情况，确定应该还多少钱，最后点击相应的按钮完成支付。在完成这个任务的过程中，你需要思考和记忆（认知），需要浏览屏幕（视觉），还需要点击按钮、操作鼠标和打字（行动）。

　　在人机工程学里，这些统称为**负荷**（load）。理论上，你可以使用户接受三类要求，也就是承受三类负荷：认知（包括记忆）负荷、视觉负荷和动作负荷。

三种负荷不尽相同

　　不同的负荷使用的脑力资源也不相同。当你要求用户在屏幕上看或找某物时（视觉负荷），用户花费的脑力资源要多于点击按钮或移动鼠标时（动作负荷）。如果让用户思考、记忆或心算（认知负荷），脑力资源就耗费得更多。所以，从人机工程学视角来看，负荷所花费资源从多到少排列如下：

- ★ 认知
- ★ 视觉
- ★ 动作

权衡与取舍

　　从人机工程学的观点来看，设计产品、应用或网站时，你一直在取舍。若你需要增加几次点击，但用户可以因此减少思考或记忆的内容，那就是值得的，因为点击的负荷比思考的负荷更小。我曾就这个主题做过一些研究。用户必须经过十几次点击才能完成任务，结果他们完成时还是会抬头笑道："好轻松啊！"这是因为每个步骤都很合理，都提供了用户所预期的信息。他们不必动脑思考，而思考的负荷比点击更沉重。

用费茨法则来决定动作负荷

虽然动作负荷花费的脑力资源最少，但你往往想要进一步减少。一种方法是确保用户的点击对象既不会太小也不会太远，例如在要求他们移动鼠标点击按钮或下拉框的小箭头来显示选项列表的时候。

为确保用户移动鼠标时能够准确点击目标，可以使用下面的公式计算出点击目标的最小尺寸。它叫作**费茨法则**（Fitt's Law），公式如图 28-1 所示。

$$T = a + b \log_2\left(1 + \frac{D}{W}\right)$$

图 28-1　费茨法则公式

★　T 代表完成移动所需的一般时间，有时称为 MT。

★　a 代表设备的启停时间（截距），b 代表设备的固有速度（斜率）。

★　D 代表起始点到目标中心点的距离。

★　W 代表目标在移动轴方向上的宽度。

我并不是要你用费茨法则具体计算，这里提到它只是让你知道有这种科学计算的方法而已。

关键是要记住速度、准度和距离是相关的。例如，如果你在屏幕右下角放个小箭头按钮，那么用户就要移动鼠标从左上角到右下角去点击它。费茨法则告诉我们，鼠标移动速度较快时就很可能移过头，还得移回来才能点到箭头。

有一种动作负荷来自于用户在键盘和鼠标或触摸板之间的来回切换，尤其常见于"盲打"输入数据的用户。如果他们经常把纸版数据输入到电脑上，打字时游刃有余，很可能只需要看纸就可以，不需要看键盘什么的，这就是"盲打"。在这种情况下，要把手从键盘拿到鼠标上，就会让用户分心。如果可能的话，尽量减少切换，让用户始终用键盘或鼠标中的某一种方式操作。

有时你想增加负荷

通常情况下，考虑设计中的负荷问题时，设计者都想要减少负荷，特别是认知负荷和视觉负荷，让产品更加易用，但有时也会想要增加负荷。比如，要吸引用户注意力的话，就要增加视觉信息，加入图片、动画和视频，因此视觉负荷就会变多。

有意增加视觉负荷的最好例子就是游戏。游戏是通过增加负荷数量提升挑战难度的。有的游戏需要玩家仔细思考，因此具有大量认知负荷；有的游戏需要玩家在屏幕上寻找物品，因此具有大量视觉负荷；有的游戏需要玩家用键盘或别的设备来瞄准并射击敌人，因此具有大量动作负荷。许多游戏都增加了不止一种负荷，例如有的游戏同时具有视觉和行动的挑战难度。

小 贴 士

✳ 评估一个现有产品的负荷，看看能否通过减少负荷让它变得更易用。

✳ 设计产品时请记住，让用户思考或记忆的认知负荷会耗费最多脑力资源。

✳ 寻找可以权衡之处，例如可以通过增加视觉负荷或动作负荷来减少认知负荷。

✳ 确保目标足够大，用户可以轻松点击到。

29 30% 的时间人会走神

如果你在阅读同事写的报告，突然发现同一句子自己已经反复读了三遍，那么你其实并不是在思考所读的内容，你的心智已经游移了。

心智游移类似白日梦，却又不完全一样。心理学家用**白日梦**（daydreaming）表示人的异想、幻想或想象出来的情节，如中彩票或成为名人。**心智游移**（mind wandering）则更加具体，专指在做一件事情时渐渐走神，沉浸在与之无关的思考之中。

心智游移极为常见

人们低估了心智游移的频率。加利福尼亚大学圣巴巴拉分校的Jonathan Schooler 的研究表明，人们觉得自己只有 10% 的时间在走神，但其实远多于此。日常生活中，心智游移的时间最高可达到 30%；在一些特殊情况下，如在通畅无阻的高速公路上驾驶时，心智游移的时间可能高达 70%。

➡ 心智游移使神经科学家苦恼

一些神经科学家之所以对心智游移产生研究兴趣，就是因为在大脑扫描研究中，这种现象让他们苦恼不已（Mason，2007）。研究者让被试者完成某个特定的任务，如看张图或读段文章，同时扫描检测被试者的大脑活动，结果发现在大约 30% 的时间里，检测结果都与当前任务无关，因为研究对象的心智发生了游移。最终，研究者们决定不再只是为此苦恼，而是开始研究这一现象。

为什么心智游移可能是好事

心智游移让大脑一部分集中于手里的任务，而另一部分集中于更高层级的目标。比如驾驶时，司机既要注意路面情况，同时也要考虑何时停车加油。再比如你正在网上阅读一篇关于医生建议你吃的胆固醇药物的文章，但你的脑子走神了，想到应该在日程表里写上已经预约理发的事。心智游移也许是最接近于多任务处理的东西，但又不是真正的多任务处理（对人来说，多任务处理并不存在，详情请见第 5 章的内容），不过它确实能让你快速地在不同想法之间来回切换。

为什么心智游移可能是坏事

心智游移的大多数时候，你是不会注意到的。这意味着你有可能错过重要信息。例如，你本来应该阅读同事的报告，却在考虑晚饭做什么，那你就会毫无收获。

★ 经常心智游移的人更具创造力

加利福尼亚大学圣巴巴拉分校的研究者 Christoff 等人在 2009 年发表的论文中证明了，经常心智游移的人具备更强的创造力和问题解决能力。他们的大脑在处理手头任务的同时，也在加工其他信息并建立记忆联系。

小 贴 士

✳ 人集中注意力处理一项任务的时间是有限的，应当假设他们经常走神。

✳ 可以的话，利用超链接实现不同主题之间的快速切换。人们喜欢上网正是因为这种游移切换的方式。

✳ 务必建立提示用户位置的信息反馈，以便他们回过神之后能回到原来的位置继续浏览。

30 人越不确定就越固执己见

我几年前是个忠实的 iPhone 用户，但之前并不是果粉，而是个用 Windows 和 PC 的人。要知道，我用 PC 的历史可以追溯到 PC 诞生时。回想当年，我曾有过一台神奇的"便携式"PC，配置是 CPM 操作系统和两个 360KB 的软盘驱动器（没错，数过了，确实是两个，单位确实是 KB，而且确实没有硬盘）。我曾是个 PC 用户，并不是苹果用户。那时的苹果用户一开始都是老师，后来则是文艺青年，而我不是那类人。

然而到了 21 世纪初，我彻底成了苹果用户。（我的《网页设计心理学》一书讲述了我是如何从 PC 用户转变为苹果用户的。这个故事始于小的改变和习惯，而后愈发忠诚。）

所以你完全可以想象到，某次吃饭时同事向我演示他的 Android 手机会是什么样的情形。他很喜欢他的新 Android 手机，喋喋不休地夸赞它如何好，如何强过我的 iPhone。我却完全没兴趣听这些，甚至都不想看它一眼。在我心目中，iPhone 是无与伦比的，我不想听到与我观念相左的任何信息。我所表现出的是典型的**认知失调否认**（cognitive dissonance denial）症状。（不得不说，写作本段时我最终用回了 Android，甚至用回了 Windows 和 PC，不过这是另外一回事了！）

改变原有观念，还是否认新信息

1956 年 Leon Festinger 写了本书，名为 *When Prophecy Fails*。书中，他描述了认知失调这个概念，即人们拥有两种互相矛盾的观点时产生的不快感。人们不喜欢这种感觉，所以极力想要摆脱它，摆脱方法有两种：改变原有观念，或否认其中一个观点。

受到强迫时，人容易改变原有观点

在对认知失调的早期研究中，研究者要求被试者辩护自己不认同的观点。结果发现，人们往往会改变自己的原有观点来适应新的观点。

在 Vincent Van Veen（2009）所做的研究中，他要求被试者表示做 fMRI 检查是舒服的，虽然事实与之相反。当被试者"被迫"承认检查舒服时，大脑的一些部位就激活了（大脑背侧前扣带回皮层和前岛叶皮质）。这些部位越活跃，人们内心就越认同做 fMRI 检查是舒服的。

不受强迫时，人容易固执己见

有时会发生另一种反应。如果没人迫使你表达自己不认同的观点，只是提供与你的观点相左的信息，但不强迫你接受，那么你往往会否认新观点，而不是改变你自己的观点。

人在不确定的情况下会更加雄辩

David Gal 和 Derek Rucker（2010）开展了一项研究，他们用框架技术来使人们产生不确定感。例如，首先让第一组人记住一个他们坚信不移的时间，让第二组人记住一个不太确定的时间。然后他们问第一组人是吃肉、不吃肉、严格吃素还是有其他饮食习惯，这种饮食习惯对他们有多重要，以及他们的立场有多坚定。被要求记住不确定时间的第二组人在饮食习惯方面就不太坚定。但如果让他们详细阐述自己的观点，劝别人改成自己的饮食方式，那么他们的论据比第一组更多且更有说服力。Gal 和 Rucker 又用不同话题（如 Mac 与 PC 的偏好）来做这个研究，也得到了类似的结果。当人们不确定时，他们会固执己见并变得更加雄辩。

寻求小认同

假设你设计了一个着陆页，希望访客会购买你的产品或服务。问题是，你可能不知道来到该页面上的人是已经准备好购买了，还是不太确定，甚至是完全持怀疑态度。

因此，最佳策略或许就是寻求小认同，而非大认同。这就是免费试用非常有用的原因。注册领七天试用是一个小认同，会避免访客反应强烈，坚持拒绝你的产品或服务。

小 贴 士

✳ 改变他人观念的最佳方法是让他们先认同一些非常小的事情。

✳ 不要证明别人的观念是不合逻辑的、没道理的或不明智的。这可能会适得其反，让他们的信念更根深蒂固。

---

31 人会创造心智模型

假设你从没见过 Kindle，而我刚递给你一台并告诉你可以用它来看书。在你打开 Kindle 使用它之前，头脑里会有一个在该设备上如何阅读的模型。你会假想书在 Kindle 屏幕上是怎样的，你可以做什么事情，比如翻页或使用书签，以及这些事情的大致做法。即使你以前从没有使用过 Kindle，你也有一个用 Kindle 看书的**心智模型**（mental model）。

你头脑里的心智模型的样式和运作方式取决于很多因素。如果以前用电子设备读过书，你对于在 Kindle 上读书的心智模型就会和只读过实体书的人不一样。一旦用 Kindle 读了几本书，你之前头脑里的心智模型就会开始根据你的体验进行改变和调整。

自从 20 世纪 80 年代起，我就开始探讨关于心智模型（以及后面将讨论到的与之配对的"概念模型"）的问题。我从事软件、网站、医疗设备等各种产品的界面设计已有多年。如何将人的脑部活动与科技带来的限制和机遇进行匹配是一个不小的挑战，但我喜欢这种挑战。虽然用户界面环境不断更新换代（比如基于字符的绿屏系统，或早期蓝屏图形化界面的系统），但人们却改变得较慢，因此一些陈年的用户界面设计理论依旧意义重大、至关重要。心智模型和概念模型就属于经得起时间考验的最有用的设计理论。

> **心智模型" 一词的起源**
>
> 第一个提出心智模型的人是 Kenneth Craik。他在 1943 年出版的 *The Nature of Explanation* 一书中提到了该概念。没多久，他就死于自行车事故，他的理论也一同销声匿迹了多年。20 世纪 80 年代，心智模型一词再次出现，Philip Johnson-Laird 和 Dedre Gentner 分别出版了一本名为 *Mental Models* 的书。

心智模型到底是什么

心智模型是对某事物运作方式的思维过程及记忆的集合。心智模型会驱动行为，能指引我们注意一些事物并忽略其他事物，还能影响我们解决问题的方式。

在设计领域，心智模型是人们脑海中对万物（即真实世界、设备和软件等）的解析。通常在使用软件或设备之前，人们就非常快速地创建出了心智模型。他们的心智模型来自于过去对类似软件或设备的使用经验，也来自于他们对该产品的猜测、间接听闻以及直接使用经验。心智模型是会变化的。人们用心智模型来预知系统、软件或其他产品的用途或用法。

小 贴 士

✳ 人们总是有心智模型的。

✳ 人们基于过去的经验创建心智模型。

✳ 心智模型因人而异。

✳ 做用户研究和客户研究的一大原因就是帮你理解目标用户的心智模型。

---

32 人与概念模型交互

要理解为什么心智模型对设计那么重要，必须理解什么是概念模型，以及它与心智模型有何区别。心智模型是人在脑海中对交互对象的设想模型，而概念模型是通过真实产品的设计和界面传达给用户的真实模型。回到 Kindle 的例子，对于在 Kindle 上阅读的体验、阅读方式以及相关功能，你有一个心智模型。但是在你坐下来使用 Kindle 时，"系统"（即 Kindle）便会向你真实展示出电子书应用的概念模型，有屏幕、按钮以及所发生的一切互动。真实的界面就是概念模型。设计师设计出一个界面，将产品的概念模型展示给用户。

你可能会问："那又如何？为什么我要关注心智模型或概念模型这些概念呢？"以下就是你应该关注的理由：如果产品的概念模型和用户的心智模型不匹配，那么这个产品或网站将会很难学习、很难使用，甚至不被接受。不匹配现象是如何发生的？以下是一些例子。

★ 设计师自以为知道谁将使用这些界面，自以为了解用户对这类界面有多少使用经验，于是基于这些假设开始设计，而不进行用户测试。结果证明，他们的假设都是错的。

★ 受众、产品或网站都是多种多样的。设计师如果只为一类受众设计，那么产品的概念模型就只能与该类用户的心智模型匹配，而与其他用户不匹配。

★ 项目组里没有真正的设计师，也没有设计概念模型。产品只不过是硬件、软件或数据库的一种反映。因此，心智模型能与该产品匹配的唯一用户就是程序员。如果受众不是程序员，那么产品开发者就有麻烦了。

万一是全新的产品，而我就是想不匹配呢

如果有人只读实体书，那么他对于在 Kindle 上阅读电子书不可能有准确的心智模型，怎么办？这样的话，你很清楚他没有准确的心智模型可以匹配，那么就要改变他的心智模型。

有时候，你知道目标用户的心智模型与产品的概念模型不匹配，就可以不去改变界面的设计，而是改变用户的心智模型来匹配你设计的产品。改变心智模型的方法就是教学。你甚至可以在用户拿到 Kindle 之前，预先用简短的教学视频改变他们的心智模型。其实，新产品教学培训的一大目的就是调整用户的心智模型，使之与产品的概念模型相匹配。

小 贴 士

✳ 有针对性地设计概念模型，而不要让它因技术而"泛滥"。

✳ 设计直观用户体验的秘密，是确保产品的概念模型尽可能和受众的心智模型匹配。你如果做到了，就会创造出非常好的可用性体验。

✳ 你如果有个全新产品，并且知道它不匹配任何人的心智模型，那么就需要通过教学来让用户创造出新的心智模型。

33 故事是人处理信息的最佳形式

多年前的某天，我在一间教室里演讲，下面坐满了无意上课的用户界面设计师。是老板叫他们来听讲的。我知道他们大多认为上这种课是浪费时间，意识到这一点也让我感到紧张。我决定鼓起勇气继续，我的精彩内容一定能吸引他们的注意力，不是吗？我深深地吸了口气，微笑了一下，声音洪亮地开始演说："大家好！我很高兴站在这里。"一大半人甚至都没看我，他们有人在埋头读电子邮件，有人在写计划表，还有个家伙干脆开始看报纸。大家一副度日如年的样子。

我有点慌了，心想："到底该怎么办？"这时我顿生一计，说道："我给大家讲个故事。"听到"故事"两个字，每个人都猛地抬起头来，眼睛齐刷刷看向我。我知道我只有几秒钟时间来让这个故事吸引住他们的注意力。

"那是 1988 年，一队海军军官正目不转睛地看着计算机屏幕。雷达显示，领空出现不明物体。他们受命击落任何不明飞机。那是不明飞机吗？是军用飞机还是商用客机呢？他们只有两分钟的时间做决定。"我抓住他们的注意力了，每个人都感兴趣而且很专注。我说完了故事，它漂亮地证明了为什么避免用户不确定性的界面可用性是如此重要。我们有了个很棒的开始。在当天剩下的时间里，每个人都兴致勃勃、全神贯注，我也收到了做教师以来的最高评价。现在，我每次演讲或授课一定都会用我那句神奇的咒语："我给大家讲个故事。"

你可能意识到了，其实上面几段内容也是一个故事。故事非常有效，它们能把注意力牢牢抓住，还能帮助用户处理信息，向用户暗示因果。

行之有效的故事结构

亚里士多德发现了故事的基础结构，此后，许多人阐述了他的观点。第一种是基础的三步式结构：起因、经过和结尾。也许这听上去并不独特，但是亚里士多德在 2000 多年前提出的时候，还是很激进的。

在起因部分，你会向听众介绍故事背景、人物、处境和冲突。在上面的故事里，我向你介绍了背景（我得讲授一堂课）、人物（我和学生们）和冲突（学生不乐意听课）。

我的故事很短，所以经过部分也很短。故事的经过一般会有主角必须克服的巨大障碍和冲突，通常会有些貌似解决却并未完全得到解决的事情。在上面的故事里，听众厌倦了讲师平淡乏味的开场，于是讲师开始恐慌。

在故事结尾部分，冲突变成了高潮并最终得到了解决。在上面的故事里，我想到了该做的事情就是在课堂上讲一个故事，我那样做了，结果很成功。

这只是个基本框架，可以加入很多变化，编进很多情节。

经典故事

文学或电影里总有些不断重现的经典故事。以下是一些最受欢迎的主题：

- ★ 远征
- ★ 爱
- ★ 成年
- ★ 命运
- ★ 牺牲
- ★ 复仇
- ★ 伟大的战役
- ★ 阴谋
- ★ 堕落
- ★ 神秘

故事表明因果

即使故事中没有点明因果关系，它也会随着叙事发展而出现。这是因为故事通常按时间顺序叙述事件，即先发生了什么、后发生了什么。这其中就暗含着因果联系。Christopher Chabris 和 Daniel Simons 在他们 2010 年出版的书《看不见的大猩猩》中给出了一个例子。请看下面两段：

"Joey 的大哥不停地打他。第二天他的身体布满了瘀伤。"

"Joey 的母亲对他异常愤怒。第二天他的身体布满了瘀伤。"

第一段的内容非常清楚。Joey 被打了并且满身瘀伤。他满身瘀伤是因为被大哥打了。第二段的推理就不那么明显了。研究表明，大脑思考第二段内容的时间会稍长一些。多数人会把 Joey 的伤归咎于他母亲，即使文章里并未提到。其实，如果你事后让读者回忆这段文字，他们坚信读到的就是 Joey 的妈妈打了他，尽管事实并非如此。

人们总是很快给发生的事归结因果。就如同视觉皮质会根据基本元素分割判断我们看到的内容一样（请参见第 1 章），我们的思维处理同样如此。我们总是在寻找因果关系。大脑假设我们已掌握了所有相关信息，于是得出因果关系。故事让这种因果关系发生得更加自然。

故事在沟通中的重要性

有时客户对我说："故事对某些网站来说效果很好，但不适合我现在做的网站。我正在设计的网站是用来展示公司年报的。故事并不适合，里面只是财务信息而已。"其实不然，任何时候只要你想沟通，总有适合的故事可讲。

我合作过的一家医药技术公司就在年报中使用了故事。年报封面是一张受益于该公司药品的康复者的精美照片，在报告中就有一段她的小故事（我们称该康复者为 Maureen）。

"封面上的 Maureen Showalter 曾患有严重的腰椎侧凸，病痛夺走了她的行动能力，而且病情一度恶化。后来，她选择了我们的产品进行脊柱融合手术，矫正了脊椎弯曲。如今，她的脊柱已经直挺了很多，疼痛也早就消失，而且她的身高也长了十几厘米。"

Maureen 并非年报里讲述的唯一一个故事。在这份年报中，除了财务信息，精美的照片以及其中人物的故事随处可见。这些人物有的是和 Maureen 一样的患者，有的是发明医疗技术的员工。故事让年报中的其他内容"活"了起来，同时也在枯燥的财务数据与公司愿景之间搭起了一座桥梁。

小 贴 士

✳ 故事是人们处理信息最自然的形式。

✳ 如果想让用户自然地理解因果关系，就编个故事吧。

✳ 故事不仅是为了娱乐。无论你的内容多么枯燥，故事都能让它更易于理解、形象生动、便于记忆。

34 示范是最佳教学方式

假设你是一名市场推广人员，需要发邮件向客户推广一件新产品。你打开了一个网页，上面说明了如何用你们公司订阅的电子邮件软件服务创建电子邮件推广活动。

1. 在控制面板（Dashboard）或促销活动面板（Campaign）中点击大按钮"创建活动"（Create Campaign），然后选择你要创建的活动类型。

2. 接下来，选择发送对象的列表。选择好列表后，单击"下一步"（next）继续，或点击"发送至整个列表"（send to entire list）。

3. 然后命名推广活动，设置邮件的主题栏和回信收件人，并给发送对象输入框里加上紧急标签。你还能通过"下一步"或"上一步"（back）按钮（而不是浏览器的后退按钮）在每个步骤间进行导航，找到其他功能的选项，比如跟踪（tracking）、认证（authentication）、跟踪分析（analytics tracking）、社交分享（social sharing）。

4. 选择邮件模板。设置或保存过的模板会被保存在"我的模板"（my templates）下。如果你想用自己的模板代码，可以选择"从 HTML 文件粘贴 / 导入"（paste/import HTML）或"从 URL 导入"（import from URL）选项。如果你想为客户做一个可编辑或不可编辑的模板，选择"创建自定义模板"（code custom templates）选项即可。

5. 选完模板后，在内容编辑器中编辑邮件的样式和内容。点击"显示样式编辑器"（show style editor）就能打开样式编辑选项。

6. 你可以编辑邮件每个部分的样式，包括行高和字号等。

7. 点击框里任意地方，打开内容编辑器。

8. 单击"保存"（save）按钮后，等待内容刷新，然后单击"下一步"。

9. 发几封测试邮件，看看它们在收件箱里的效果。如果一切都很好，你就可以计划或正式发布你的推广活动了。

又长又难懂，是不是？幸运的是，网页上并不是这么展现信息的。文字内容虽然一样，但有屏幕截图相结合来展示所描述的内容。

屏幕截图和图片是示范的好方法。你还可以用视频示范相同的步骤。视频是最有效的线上示范方式之一。它将动作、声音和影像结合起来，不需要阅读，所以更容易吸引用户的注意力，提高用户参与度。

小 贴 士

✳ 示范是最佳教学方式。别只告诉人们要做什么，还要示范给他们看。

✳ 用图片和截屏作为示范。

✳ 简短的视频是更好的示范方法。

---

35 人天生爱分类

如果你是在过去 50 年间看着电视长大的美国人，那么应该明白我这句话的意思："这些东西中每一个都是与众不同的。"（One of these things is not like the other.）这句话出自儿童节目《芝麻街》。

★ 在线观看《芝麻街》视频

如果你不知道我在说什么，可以去网上搜索《芝麻街》并观看视频片段。

《芝麻街》的目的是教小朋友们发现事物的差别，主要是教他们对事物进行分类。

有趣的是，教孩子分门别类可能根本没有必要，甚至根本无效，主要有以下两个原因。

★ 人们天生就会分类。学习对周遭事物进行分类，就如同学习母语般自然。
★ 孩子在 7 岁前是没有分类的本领的。让不到 7 岁的孩子学习分类没有什么意义。7 岁后，孩子便会着迷于将事物分类。

人们喜欢分类

如果在产品设计的用户研究中用过卡片分类法，那你一定见过用户参与时有多投入。卡片分类法就是将网站上可能出现的内容以单词或短语的形式分别写在一张张卡片上，然后将这叠卡片交给用户分类。例如，如果正在设计一个专卖野营装备的网站，你就会写一堆这样的卡片：帐篷、火炉、背包、退货、送货和帮助等。你将卡片发给参与者，让他们按照自己的想法任意分类。然后通过分析分类结果，得出组织网站架构所需的数据。这个调查我做过很多次，还曾在课堂上用作练习。这是我见过的人们参与最为积极的一项任务。每个人都积极参与，因为人们喜欢分类。整个信息架构的学问就是对信息进行分类。

如果你不分类，用户会自己分类

就好像无论是否存在模式，大脑视觉皮质都会给我们的所见套上一种模式一样（请见第1章），当面对大量信息时，人们也会自动开始分类。人们把分类作为理解周遭世界的一种方式，特别是被淹没在信息的海洋中时。

谁分的类并不重要，关键是分得好不好

我在宾夕法尼亚州立大学写硕士论文期间，进行过一项研究：人们究竟对自己分类的信息记得更清楚，还是对别人分类的信息记得更清楚。研究结果表明，谁分的类并不重要，关键是分得**好不好**。信息组织得越好，人们记忆得就越清楚。那些在控制欲测试中得分较高的人喜欢用自己的方式组织信息，但只要信息组织得好，到底是按自己的方式分类还是按别人的方式分类真的不重要。

小 贴 士

✳ 人们喜欢给事物分类。

✳ 如果面对大量未分类的信息，人们就会感到被信息淹没，并开始自己进行信息分类。

✳ 尽可能地为你的受众分类信息，谨记第3章中提到的四项事物法则。

✳ 了解什么样的分类方式才是对用户最合理的，这非常有用，但关键是，组织信息的人是你。

✳ 如果在为7岁以下的儿童设计网站，你采用的任何分类方式可能只对儿童身边的大人有用，对儿童没什么用。

---

36 时间是相对的

你有过这种经历吗？你去拜访一位朋友，去的时候需要两小时，回来的时候也需要两小时，但就是感觉去的时候时间花得多。

2009 年出版了一本很有意思的书《津巴多时间心理学》，Philip Zimbardo 和 John Boyd 在书中讨论了人们对时间的感受是相对而非绝对的。如同存在视错觉一样，也存在时间错觉。Zimbardo 在研究报告中指出，一个人的心理活动越多，越觉得时间流逝得多。与本章前面提到的"渐进呈现"类似，如果人们在任务的每一步都得停下来思考，就会觉得完成这个任务耗时很长。进行心理活动让你觉得过了很长时间。

我们对时间的感知和反应也深受可预测性和预期的影响。假设你正在计算机上编辑视频，刚刚点击了按钮，等待编辑的视频生成，你是否会对不知道要花多少时间而感到苦恼？如果你经常生成视频，并且通常需要 3 分钟的话，那就不会觉得 3 分钟很长。如果界面上有个进度条，你就会有所预期，可能会去给自己倒杯咖啡再回来。但如果有时生成视频需要 30 秒、有时需要 5 分钟，并且你也不知道这次需要多久，那么倘若这次需要 3 分钟，你就会等得非常不耐烦，感觉 3 分钟比平时更长。

如果人们觉得时间紧张，就不会停下来帮助他人

John Darley 和 C. Batson（1973）进行了一项"乐善好施者"（Good Samaritan）实验，他们让普林斯顿神学院的学生准备一段演讲，主题要么是展望神学院毕业生的工作，要么是讲个乐善好施者的寓言。那个寓言讲的是几个圣人路遇求救者却未停步施救，而乐善好施者则驻足帮助

了他。研究者首先要求学生们准备自己的演讲内容，然后让他们去学校另一侧的教学楼进行演讲。在学生们前往演讲地点时，研究者会根据他们的时间紧迫程度，给予不同的指示说明。

- ★ **低紧迫度**："可能还要过几分钟才能轮到你，但你也可以现在就过去。就算你得在那等一会儿，应该也不会太久。"
- ★ **中紧迫度**："助教已经在等你了，快过去吧。"
- ★ **高紧迫度**："天哪，你迟到了！他们都等你半天了，快点吧。助教应该在等你呢，抓紧时间，一分钟之内赶到。"

然后每个学生都会领到一张索引卡片，指引他们该去哪儿。按照路线指示，他们半路上会遇到一位实验人员蜷缩在路边，咳嗽呻吟着。问题是，多少人会驻足帮助他？他们的演讲主题对此会有影响吗？应抓紧时间的指令会影响他们的决定吗？

停步施助者的百分比如何？

- ★ **低紧迫度**：63%
- ★ **中紧迫度**：45%
- ★ **高紧迫度**：10%

学生准备的演讲主题（工作或施助）对是否停步施助没有太大影响，但时间紧迫程度对其有很大影响。

预期一直在变

10年前，如果打开一个网页需要20秒，我们并不会介意。但如今，超过3秒钟你就会不耐烦。有个网站我经常登录，它加载页面需要12秒，我简直要等白了头。

身体内的时间机制

　　Rao（2001）运用 fMRI 技术，展示了大脑内处理时间信息的两个区域：基底核（大脑深处存储多巴胺的地方）和顶叶（大脑右侧的皮层）。还有一些时间功能深植于体内的每个细胞。

小 贴 士

✳ 使用进度条，让用户知道要等待多长时间。

✳ 尽量让完成某项任务或显示信息所需的时间保持一致，以便用户相应调整自己的预期。

✳ 为了让处理过程显得短一些，把任务拆分成几步，并让用户少动脑子，因为进行心理活动会让人感觉过了很长时间。

37 人会屏蔽与其信念相悖的信息

你见过有人固守他们长期坚持的信念吗？无论向他们展示多少其信念站不住脚的证据也是如此。人们会搜寻并注意能证实其信念的信息。他们不会搜寻不支持其信念的信息，实际上甚至会忽略或嗤之以鼻。这称为**证真偏差**。

证真偏差是一种"认知错觉"。人们倾向于注意到自己已经相信的信息，并且过滤掉与自己观点或信念不符的信息。

这让人们很难去读或听与自己信念不符的信息，更不要说尝试新鲜事物了。

用不符合人们已有偏见的信息"说通"他们，这可能吗？如果你有一个新想法、新产品或完成流程的新方式，如何让人们愿意考虑它呢？

一种方式是从他们认同的东西入手。如果首先提供他们已经相信的信息，你就已经跨过第一个难关了。不要从新想法开始，而是证实他们已有的想法。

举个例子，假设你想让人们考虑一种购买音乐和听音乐的新方法。如果你面对的人喜爱原有方法，不要开门见山地告诉他原来的流服务有多差。先说一说原来服务的所有优点。他们会不停点头，然后就可以开始讲为什么他们能用你的产品更上一层楼了。

另一种方式是获取对新信念的小承诺，从而引起认知失调，这已经在本章讨论过了。

在之前的音乐流例子中，可以看看能否让人们注册并免费试用一小段时间。这就是一个小承诺。如果他们喜欢新的服务，此时认知失调就产生了：他们喜欢这项服务，但是该服务不符合他们对听音乐最佳方式的信念。有了这道信念上的裂痕，他们就更容易放弃证真偏差了。

小 贴 士

∗ 大多数人有证真偏差，会过滤掉与其已有信念不符的信息。

∗ 告诉人们他们错了或者指出他们在过滤信息的事实，通常不是克服证真偏差的好策略。

∗ 如果了解目标用户并且清楚他们的信念是什么，你可以先迎合而非批判这些信念。这能让你越过证真偏差的第一层，然后就可以指出与原有信念相悖的更好方法了。

∗ 尝试让用户对与已有信念相悖的行动做出小承诺。这会激发认知失调，你就有机会化解证真偏差了。

38 人可以进入心流状态

想象一下你正全神贯注于某项活动，可以是某种体育活动，比如攀岩或滑雪；可以是某种艺术或创意活动，比如弹钢琴或绘画；也可以只是日常工作，比如做 PPT 演示或上一堂课。不管从事什么活动，此刻你都全身心投入其中，将所有其他事情暂时抛开。你对时间的感觉变了，几乎忘了自己是谁、身在何方。我描述的这种状态就叫作**心流状态**。

Mihaly Csikszentmihalyi 写过一本关于心流的书。他多年来一直在世界各地研究心流状态。下面介绍的是一些心流状态的现象、产生条件、感觉以及如何将其应用到设计中。

★ 心流产生于将注意力高度集中在任务上。控制和集中注意力的能力至关重要。如果你被外界任何事情干扰了，心流状态就会消散。如果你希望用户使用你的产品时处于心流状态，请在他们执行特定任务的时候尽量减少干扰。

★ 你怀着清晰、明确且可实现的目标就会进入心流状态。无论是在唱歌、修自行车还是跑马拉松，只有心中有明确的目标，才能进入注意力高度集中的心流状态。然后你保持集中注意力，只接收与目标相关的信息。

★ 你必须有信心实现目标才能进入并稳定在心流状态。如果你认为自己很可能无法实现目标，就不会进入心流状态。而且，如果目标不够有挑战性，你也不会集中注意力，心流状态也会消失。确保任务具有足够的挑战性来吸引用户的注意力，但也别太难，不然用户会灰心丧气。

★ 你持续收到反馈。为了保持在心流状态，你需要不断接收反馈信息来了解目标的完成情况。确保在用户执行任务中为其提供足够的反馈信息。

★ 你能控制自己的动作。控制是心流状态出现的重要条件。你不必刻意控制自己，也不必感觉到自己在控制全局，但处于具有挑战性的处境中时，你必须感觉到在严格控制自己的行为。在用户的操作中给予他们足够多的控制点。

★ 时间观念会变化。有人反映时间加速了——他们抬头看钟，发现时间飞逝；也有人反映时间变慢了。

★ 自身感觉不到威胁才能稳定在心流状态。你必须足够放松，才能将全部注意力集中在手里的任务上。其实多数人会说，在全身心投入一项任务时，他们达到了忘我的境界。

★ 心流状态是因人而异的。让每个人进入心流状态的活动不同，触发的条件也各不相同。

★ 心流状态是一种跨文化体验。目前来看，它似乎是一种跨文化的、普遍的人类体验，只有少数精神疾病患者除外。例如，精神分裂症患者就很难诱发或保持心流状态，可能是因为他们很难满足上述一些条件，如集中注意力、控制自己的行为或自身不能感受到威胁。

★ 心流状态是愉悦的，人们喜欢处于心流状态中。

★ 前额皮层和基底核都与进入和保持心流状态有关。

小 贴 士

如果你的设计试图引发用户的心流状态（例如你是位游戏设计师），那么：

✳ 让用户在操作过程中可以控制自己的行为；

✳ 挑选适量的挑战——挑战过多会使人放弃，过少又无法让心流开始；

✳ 给用户持续的反馈——与赞扬（"你做得真棒！"）不同，反馈是一种信息，能让人们准确知道自己做得怎么样，以及要达到目标可能要做哪些调整；

✳ 尽量减少干扰。

39 文化影响人的思维方式

请看图 39-1，你主要看的是什么？是牛还是背景？

图 39-1　Hannah Chua（2005）的研究中用到的图

你的回答取决于你生长在西方还是东方。Richard Nisbett 在《思维版图》一书中讨论了一项研究，展现了文化如何影响和塑造我们的思维方式。

东方强调人际关系，西方注重个人主义

如果你给西方人看一张图，他们会关注主要的前景物体；而拿给东方人看，他们更多关注的是环境和背景。在西方长大的东方人也会用西方模式思考，而不是亚洲模式，由此说明了这种区别是文化而非基因所致。

东方文化更强调人际关系和集体，因此东方人在成长过程中学习的是关注环境。西方社会更注重个人主义，所以西方人自小学会了关注中心物体。

在 Hannah Chua 等人（2005）的研究以及 Lu Zihui（2008）的研究中，都使用了图 39-1 中的图片和眼动仪来观测被试者视线的移动。两项研

究都显示，东方参与者的中央视觉常常关注图片的背景，而西方参与者的中央视觉常常关注前景。

大脑扫描体现文化差异

Sharon Begley（2010）在《新闻周刊》上发表过一篇有关神经科学研究的文章，该研究也证实了这种文化效应：

"当面对复杂忙乱的场景时，亚裔美国人和非亚裔美国人的大脑活动区域是不同的。亚裔美国人的脑活动主要集中在处理图形和背景间关系（即整体内容）的区域，而非亚裔美国人的脑活动主要集中在识别物体的区域。"

▶ 对研究结果适用性的担忧

如果东西方人的思维方式不同，那么我们不禁要质疑：一组人群的心理学（或其他）研究结果能推广到另一组人群吗？做研究时，研究对象通常都是来自同一地区的，所以我们不得不怀疑研究结果的准确性。它是否仅描述了某一地区的人？幸好，现在世界各地的研究越来越多，很多研究会针对多个地区开展。心理学研究已经很少像过去那样只针对单一地区或人群了。

小 贴 士

✳ 不同地区和文化的人对于照片和网站设计的反应也会不同。与西方人相比，东方人会更多关注和记忆背景与环境。

✳ 如果产品用户来自不同文化和不同地区，那么你最好在多个地区进行用户研究。

✳ 在阅读心理学研究报告时，如果被试者都来自同一地区，切勿将研究结果一般化。

第 5 章

人如何集中注意力

什么会突然引起人的注意和兴趣？如何赢得并维持人的
关注？人又是如何选择关注对象的？

40 选择性注意

Robert Solso（2005）开发了这样一个练习：阅读下面的段落，只读加粗的词语，而忽略其他内容。

Somewhere **Among** hidden on a **the** desert island **most** near the **spectacular** X islands, an **cognitive** old Survivor **abilities** contestant **is** has **the** concealed **ability** a box **to** of gold **select** won **one** in a **message** reward **from** challenge **another**. **We** Although **do** several hundred **this** people **by** (fans, **focusing** contestants, **our** and producers) have **attention** looked **on** for it **certain** they **cues** have **such** not **as** found **type** it **style**. Rumor **When** has **we** it **focus** that 300 **our** paces **attention** due **on** west **certain** from **stimuli** tribal **the** council **message** and **in** then **other** 200 **stimuli** paces **is** due **not** north X marks **clearly** the spot **identified**. Apparently **However** enough **some** gold **information** can **from** be **the** had **unattended** to **source** purchase **may** the **be** very **detected** island![1]

在许多情况下，人们很容易分心。实际上，人们的注意力很容易从他们所关注的内容上分散。但人们也可以做到只关注一件事，而过滤掉其他刺激，这叫作选择性注意。

抓住人们的注意力到底有多难？这取决于他们有多么专注。比如

---

[1] 这段文字把一个故事和一段说明文字打乱混排在一起，是用来说明选择性注意的例子。整段译文如下：在 X 群岛**最重要的**附近的**认知**某个**能力**荒岛上**之一**，一个幸存**就是的**从老参赛者**一堆**在那里**信息**藏**了**里在比赛中**筛选**出获得**所需那条的**一盒的金币**能力**。我们虽然通过好几百人**把注意力**（粉丝、**集中在**其他选手和**文字样式**主办单位）**这样的**已经**特定线索**上找了来找出很久，需要关注但都没有的内容找到它。有传言说，**当我们**从**把注意力**部落**集中在的**位置**特定的**往正西**刺激点**上走时300步，在**然后**再往**其他刺激点**上正北的信息走200步，**就不会就是被我们**藏宝的位置识别。显然**但是**，找到我们足够**也有可能的**金币**会注意到就可以**一些买下**无关的**整个信息岛！——译者注

说，如果他们去你的网站上想买个礼物，却不清楚具体要买什么，那么视频、大幅照片、色彩和动画就很容易吸引他们的注意力。

另外，如果一个人在集中精力做某件事（例如填写复杂的表格），那他也许会不自觉地过滤掉其他干扰信息。

我们都有聚精会神阅读文章时屏幕上弹出订阅或注册窗口的经历。我们越聚精会神，这种经历就越烦人。

无意识的选择性注意

假设你正在一条林中小径上走着，脑子里想着过几天出差的行程，突然瞥见地上有条蛇。你吓得立马向后跳开，心跳加速，准备拔腿就跑。但定睛一看，这根本不是什么蛇，只是一根木棒而已，你这才平静下来，继续向前走。在这段情境中，你注意到了木棒，甚至立刻对它做出了反应——在毫无意识的情况下。

有时候我们能意识到自己有意识的选择性注意，就像你在看本章开头的文字时一样，但有时候选择性注意也会在无意识的状态下进行。

 鸡尾酒会

假设你正在参加一个鸡尾酒会，和身边的朋友聊着天。环境非常嘈杂，但你能自动过滤掉其他人的对话。这时，突然有人叫你的名字，你没有像过滤其他对话一样过滤掉这声呼喊，而是马上就听到了自己的名字。

小 贴 士

* 只要愿意或者必须完成一项艰巨的任务，人们就能集中注意力并沉浸其中，而忽略别的干扰。

* 不过，不要假设人们总是在进行选择性注意。

* 人们的潜意识会不断地扫视周围环境，看看是否有自己感兴趣的信息，比如自己的名字以及食物、危险等信息。这意味着人们容易被大幅图像、动画和视频分散注意力。

41 人会适应信息

1988 年，美国海军有一艘导弹巡洋舰 "文森尼斯号"（USS Vincennes）停靠在波斯湾。一天，在看雷达屏幕时，船员发现一架飞机迎面飞来。他们匆忙草率地认定它是一架敌机而非商用客机，并选择击毁。击落了飞机之后才发现，这是一架载有 290 名乘客和机组人员的商用客机，所有人员无一生还。

许多因素导致了这个悲剧。首先，环境施加了压力（我会在第 9 章中讲述压力），而且雷达室光线太暗了。还有许多模棱两可的信息影响了 "文森尼斯号" 的船员对雷达屏信息的理解。但最值得深思的是他们选择注意什么和无视什么。

船员习惯于扫描敌人的军用飞机，"适应" 了将雷达上的飞机视作敌机，而非商用客机。他们曾经反复训练如何应对侵入领空的敌机，因此熟练地执行了训练中的动作。所有这一切导致了这个无法挽回的决断。

小 贴 士

✱ 别指望人们一定会关注你提供的信息，尤其是他们可能已经适应了某些信息和动作。

✱ 别做假设。对你来说显而易见的设计也许对使用者来说并不那么明显。

✱ 如果你担心人们会适应并忽略某些信息改变了，可以使用色彩、大小、动画、视频或声音来吸引他们的注意力。

✱ 如果某些信息需要人们特别关注，那么要让它比你想象中的明显10倍。

---

42 熟能生巧无须特别留意

我的两个孩子渐渐长大，开始学习铃木教学法（Suzuki method）的音乐课程，儿子学拉小提琴，女儿学弹钢琴。在参加完一次女儿的独奏会后，我问她，眼前不放乐谱，完全凭着记忆演奏时脑子里在想些什么。是音乐的旋律？还是在想何时开始弹得响亮、何时开始轻柔？还是接下来的音符或乐段？

她迷茫地看着我。

"想什么？我什么都没想，只是看着手指弹奏而已。"

这回轮到我迷茫了。

于是我又问儿子："你在演奏会上拉小提琴的时候也是这样吗？你要想什么吗？"

"不，当然不用啦，"他回答道，"我也只是看着手指演奏呀。"

铃木音乐教学法强调的是不断地反复练习。在演奏时，学生面前不摆乐谱，他们已经记住了所有的曲子，其中有很多非常复杂。因为他们练习了无数次，所以不用思考也能完成演奏。

反复练习一项技能，直到它变成一种惯性，那么以后不假思索也能熟练展示。如果它真的变成了一种惯性，那我们几乎就可以一心二用。我说"几乎"是因为一心二用的情况并不真正存在。

太多的惯性步骤可能会导致错误

你是否用过这样的软件，需要进行多步操作才能删除其中一个项目？你必须选中该项并点击"删除"按钮，然后会有新窗口弹出，让你点击"是"来确认操作。你需要删掉 25 个文件，于是把鼠标指针放在最合适的地方开始连续快速单击，没多久你的手指就习惯这个动作了，甚至都不用去想自己在做什么。这种情况下总是很容易一不小心删过了头。

小 贴 士

* 如果人们反复做一系列的动作，就会产生无意识的惯性。

* 如果你需要用户重复一些操作，应该尽量让操作简单一些，但这么做很容易让人们犯错，因为当他们习惯了就可能会不再关注操作对象。

* 让撤销操作变得简单——不仅允许撤销上一步操作，也要允许撤销整套操作。

* 与其让用户反复执行一个任务，不如让他们选出所有想要操作的项，然后来一次批量处理。

---

43 对频率的预期会影响注意力

得克萨斯州休斯顿的商人 Farid Seif 带着笔记本式计算机包登上了航班，安检并没有发现其中放了一把有子弹的手枪。Farid Seif 并非恐怖分子，在得州携带枪支也是合法的，他只是在出门前忘了把它拿出来。

休斯顿机场的安检人员并没有注意到手枪。其实用 X 光应该很容易查出手枪，但没一个人注意到。

美国国土安全部经常派密探携带枪支弹药或其他违禁物品过海关，测试能否通过安检。美国政府不会公布数据，但据估计 70% 的情况都能顺利过关。这意味着大多数时候密探能轻易带着违禁物品通过安检，就像 Farid Seif 一样。

为什么会这样？是什么原因导致安检人员可以发现一大瓶乳液，却遗漏了一把手枪？

⭐ 关于 Farid Seif 事件的视频

你可以在 ABC News 网站上搜索并查看相关视频。

关于频率的心智模型

安检人员疏漏了手枪和炸弹，部分原因是他们很少遇到这种情况。他们每天连续工作数个小时，不停地看人、看屏幕，从而对违规事件发生的频率形成了自己的预期。比如，他们经常会碰到乳液瓶或是指甲钳之类的东西，所以就预期这些可能会出现，因而特别关注，而碰到枪支弹药的概率就小多了。于是他们形成了各类物品出现频率的心智模型，并无意识地按照这个臆想的频率来进行安全检查。

Andrew Bellenkes（1997）对这种心理预期进行了研究，他发现人们会对事件发生的频率有所预期，如果实际发生的频率与预期频率不同，他们就会错过事件。他们建立了一套事件发生频率的心智模型，并根据这套模型来设定注意力。

➡ 针对重要且不频繁发生的事件予以提示

我每天用好几个小时的笔记本式计算机，大多数时候它是插着电源的，但有时候我也会忘记插上电源，此时屏幕上的图标指示会显示电量正在耗尽。但我在家时，总以为它插着电源，而不会注意到指示图标。

当剩余 8% 的电量时，计算机会发出声音并弹出窗口提示，警告我电量不足。这就是对重要且不频繁发生的事件予以提示的一个例子。（事实上如果这台机器允许自定义提醒时间的话就更好了，常常当我看到提示时电量已经要耗尽了，于是我只能手忙脚乱地到处找电源或者赶紧保存文档。）

小 贴 士

✳ 人们会无意识地建立事件发生频率的心智模型。

✳ 如果你正在设计一个产品或应用，它需要人们关注某个鲜少发生的事件，那最好使用抢眼的提示来引起人们的注意。

44 注意力只能维持 10 分钟

假设你在开会，有人正在介绍上一季度的销售数据。你的注意力能被她吸引多久？如果这个话题很有趣，她又是个不错的演讲者，你最多可以保持 7~10 分钟的专注；如果对话题没兴趣，而她的演讲又很无聊，你就会更快地分散注意力。图 44-1 展示了注意力的变化曲线。

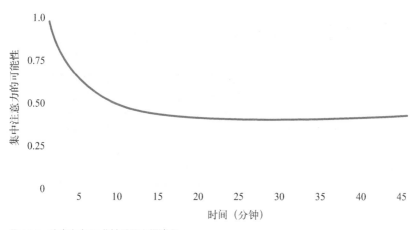

图 44-1 注意力在 10 分钟后已大幅消退

大脑在短暂休息后可以再次集中注意力 7~10 分钟，但是 7~10 分钟差不多是人对任何任务保持专注的时间上限。

在设计网站的时候，尽量将浏览网页需要的时间限制在 7 分钟以内。我们假设的往往是用户来到这个页面并点击一个链接，但有时候事情并没有那么简单，网站也可能需要加载一些其他的媒体，例如音频和视频，而这些媒体可能并不符合 7~10 分钟的法则，TED 系列的视频就常常有 20 分钟之久，这就超出了时间限制（不过，TED 邀请的都是世界上最顶尖的演讲者，有可能单凭魅力抓住听众的注意力）。

45 人只会注意显著线索

看一下图 45-1 中的这些美分，哪个才是真货？别作弊，先猜猜看，再拿真硬币来对比。

如果你住在美国，用过美国硬币，那一美分的硬币你一定见了无数次了。但你往往只会注意它的某

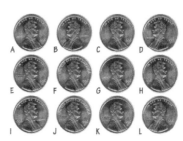

图 45-1　哪个才是真的美分硬币呢

些属性，比如颜色和大小，心理学家称之为"显著线索"（salient cue）。你只会注意到解决当前任务需要关注的内容。虽然硬币上有很多细节和线索，但对大多数人来说显著线索只有颜色和大小。当然，如果你是个硬币收藏者，情况就会有所不同了，此时对于你来说显著线索也许包括更多信息，比如日期、文字或特定的图案等。

正如我们在第 1 章里所说的，人们可能看着某样东西，实际上却对它视而不见。类似地，人们每天都会通过视觉、听觉、味觉和触觉接收很多不会特别注意的信息，人们潜意识里知道自己资源有限，所以大脑会筛选出那些比较重要的信息予以关注。

你猜中哪个是真正的美分硬币了吗？（答案是 A。）

小　贴　士

✳　考虑清楚哪些是你想要呈现给用户的显著线索。

✳　把显著线索设计得足够明显。

✳　记住，人们可能只会关注显著线索。

46 人一脑多用的本事并不强

很多人都以为自己一脑多用的本事很强，甚至以此为荣，然而研究结果恰恰相反：人们同时完成多个任务的本事没有他们想象中强。

大多数时候，人们自以为的同时执行多项任务其实是在做"任务切换"。人一次只能执行一项任务，只能想一件事，只能进行一项心理活动。所以你要么说话，要么读书；要么读书，要么打字；要么听讲，要么读书。总之，一次只能进行其中的一样。我们很擅长在不同的任务之间切换，于是误以为那就是一脑多用，其实事实并非如此。

一个例外

当然这也有例外：如果你是在做一项经常做的体力劳动并且非常熟练，那么你可以一边劳作一边再进行一项脑力劳动。例如，对成人来说，走路已经成为本能动作，所以可以一边走路一边说话。不过话说回来，这也仅仅是"可以"而已，即便是边走路边说话这样的事情，也不一定协调得很好。Ira Hyman（2009）的一项研究显示，人边走路边打电话时更容易撞到人，而且会忽视周围的情况。研究人员让某人打扮成小丑骑上独轮车经过正在打电话的被试者，被试者往往很少注意到小丑或是记得小丑。

> **开车时打电话会分散注意力**
>
> 现在在很多地方，开车时拿着手机打电话是违法的，不过仍然允许使用免提电话。这样的考虑是有缺陷的，因为问题的关键不在于用手拿着电话，而是交谈这件事本身。讲电话时，人不可避免地会把注意力从驾车转移到对话上。所以说，这是注意力的问题，而不是手能不能控制方向盘的问题。

如果只能听到对话中一方所说的内容，就需要动用更多脑力，因为可预知的信息量减少了，你需要猜测对话的那头说了些什么。Lauren Emberson（2010）做过一些任务测试，她发现，被试者在听电话双方对话时比只听其中一方说话时任务完成得更好。由于研究者控制了声音变量(例如音质等)，因此他们得出结论：造成这种差异是因为只听一方说话时很多信息难以预知。被试者总是要去揣测他没听到的那些内容，因此就不能集中注意力在当前的任务上。

年龄和执行多任务的经验会有影响吗

Eyal Ophir 和 Clifford Nass（2009）针对大学生做了一系列研究，发现在执行多任务方面，大学生与其他年龄段的人相比并没有优势。他们做了一个问卷，调查人们会同时使用多少种不同的媒体，然后选出两类极端的被试者，即"重度多媒体使用者"和"轻度多媒体使用者"（根据平日是否喜欢"一脑两用"划分轻重），并分成两组。

接下来，他们让两组被试者分别执行多项任务。比如研究人员会展示 2 个单独的红色矩形，或是被 4 或 6 个蓝色矩形围绕着的红色矩形。这些东西会闪现 2 次，被试者必须说出红色的矩形有没有发生位移。研究人员以为被试者完全可以忽略蓝色矩形。

实验结果出乎预料，轻度多媒体使用者能够忽略蓝色矩形，而重度多媒体使用者则很难忽略，因此，后者的任务完成得很不理想。研究人员还进一步用字母和数字做了测试，结果类似：重度多媒体使用者更容易被无关刺激分散注意力，任务也不如轻度者完成得好。

有些人享受一脑多用

尽管人们一脑多用的本事没他们想象中的强，但是有些人很享受同时执行多项任务的体验。他们喜欢边在电视上看体育节目，边给朋友发短信。不过不要把喜欢一脑多用和擅长一脑多用搞混了。

 多任务研究的视频

可搜索并观看 Ophir 和 Nass 的研究视频 "Media Multitaskers Pay Mental Price"。

 测试你自己的一脑多用技巧

可搜索并观看视频 "How Good Are You At Multitasking"，测试你有多擅长一脑多用。

小 贴 士

✳ 人们没有自以为的那样擅长一脑多用。

✳ 有些人喜欢同时做多件事。他们也许把喜欢和擅长搞混了。

✳ 年轻人在同时做多件事时并没有优于年长者。

✳ 尽量避免让用户同时做多件事，因为这对他们来说很难，比如一边和客户交谈一边在计算机上填写表格。如果必须这样做，设计时应该让表格的可用性更佳。

✳ 如果需要用户同时做多件事，就应该预料到他们可能会出许多错，你应该给出修正错误的途径。

47 勾人六事：危险、食物、性、移动、人脸和故事

以下是最容易吸引人注意力的内容：

★ 任何移动的东西（比如影像或动画）

★ 人脸图片，尤其是正面照片

★ 和食物、性或危险相关的图片

★ 故事

★ 噪声（下一节会提到）

为什么人们会情不自禁地注意食物、性和危险

你是否曾好奇为什么路边的事故会让来往车辆减速？是不是每次你都会大骂减速看热闹的人，但自己经过的时候也忍不住要多看几眼？当然，这不是你的错，不只是你，其他人也都忍不住要看看危险的场面。是你的**旧脑**在提醒你**注意**。

人脑的三位一体

在《网页设计心理学》一书中，我曾写到人其实有三个大脑：**新脑**控制意识、推理、逻辑，**中脑**处理情绪，**旧脑**则关注生存情况。从进化的角度来说，旧脑是最先形成的。事实上这部分大脑非常像爬行动物的大脑，所以有些人称之为爬行脑。

可以吃吗？可以和它发生性行为吗？它会杀死我吗？

旧脑的工作是不断观察周围的环境，并回答这样一些问题："可以吃吗？可以和它发生性行为吗？它会杀死我吗？"它就只关心这么点问题（图47-1），不过仔细想想，这些问题也很重要。不吃东西你会死，

没有性行为就不能繁衍后代，如果你被杀了前面两个问题也就不重要了。所以动物脑在发展初期主要是考虑这三个问题的，随着进化它会发展出其他的能力（情绪、逻辑思维），但大脑中仍然有一部分始终关注着这至关重要的三件事。

图 47-1　旧脑会忍不住去看食物（Guthrle Weinschenk 摄）

你无法抗拒

这意味着你忍不住要去注意食物、性或危险，无论怎么自制都不行。这是旧脑的天职。当然，在注意到这些之后，你并不一定会有实际行动。比如，你看到巧克力蛋糕但不一定会去吃它，也不一定会与走进房间的美女调情，如果有个彪形大汉和她一起走进来，你也不一定就要逃跑。但是，不管你愿不愿意，你都会注意到这些事情。

 人脸照片易吸引注意力

人们很容易关注人脸。更多关于大脑识别人脸的信息请参见第 1 章。

小 贴 士

✻ 总是在网页或软件上使用与食物、性或危险相关的图片也许不太合适，不过这样做确实可以吸引一些注意力。

✻ 使用近景人脸图片。

✻ 尽量多讲故事，即便是事实性信息也可以用来讲故事。

---

48 巨大噪声会吓人一跳并引起注意

如果你想通过声音来吸引某人的注意，表 48-1 提供了一些选择及其使用条件（改编自 Deatherage 于 1972 年发表的一项研究）。

表48-1 如何利用声音吸引注意

声音警报	强度	吸引效果
雾号声	非常高	好，但不适合有大量其他低频噪声的场合
号角声	高	好
哨声	高	好，但只能断续使用
汽笛声	高	好，声调要有高低起伏
铃声	中	好，前提是有其他低频噪声干扰
蜂鸣声	中低	好
钟声或锣声	中低	一般

人们习惯于经常出现的刺激

你是否暂住过某人的家里，而他家有个每小时都会报时的钟？你正躺在床上想要打个盹，那个该死的钟又响了。你心想："这屋子怎么能睡人呢？"然而每个住在这里的人都睡得很好，他们已经习惯了钟响。因为每小时都会听到，所以也就不再去注意了。

我们的潜意识无时无刻不在关注身处的环境，以确认没有威胁存在。这就是周围新奇的东西会引起我们注意的原因。不过如果同样的信号反复出现，最终我们的潜意识会认为它不再新奇了，从而渐渐无视它。

49　人欲关注，必先感知

要关注一件事，必须先察觉、感知到它。下面的例子说明了感官的敏感度。

视觉：在完全漆黑的环境中，站在高处你能看到 48 千米外的烛光。

听觉：在一个非常安静的房间里，你能听到 6 米外的手表的嘀嗒声。

嗅觉：你能够闻出 75 平方米范围内的一滴香水味。

触觉：你的皮肤能感觉到一根头发。

味觉：一小勺糖溶解在约 7.5 升的水里，你也能尝出甜味。

信号检测理论

如果你找不到手表了，正在努力回想把它放在了哪里，那么此时，可以听到 6 米之内的嘀嗒声。不过如果你压根没在找手表呢？如果你完全没在意它，而是在想晚饭要吃什么，也许就听不到嘀嗒声了。

察觉事物并非那么简单，有可能你接收了外界的某些刺激，但这并不意味着你就会注意到它。

敏感和偏见

假设你正在等人来接，但对方迟迟不来。突然，你好像听到车道上有声音，就急忙跑向大门，但那其实是幻觉。

我们是否感知到某个东西，并不仅仅取决于它对我们产生的刺激。事实上，有时候我们会无视接收到的刺激，而有时候根本没有外界刺激，我们却以为自己听到或看到了它。

科学家把这种情况称为**信号检测理论**，如图 49-1 所示，有四种可能的结果。

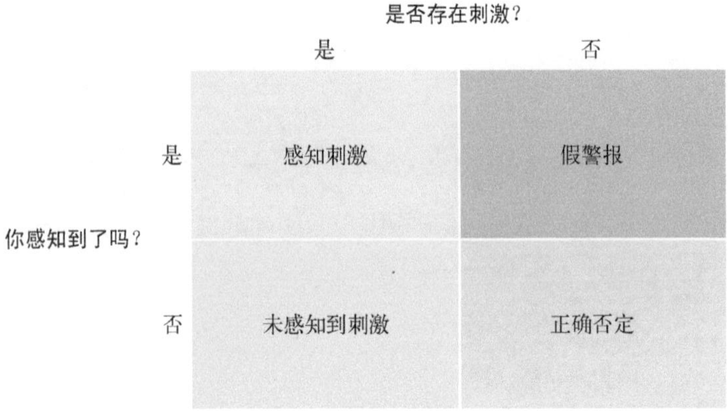

图 49-1 信号检测理论

该理论并不仅仅是一个概念性的构想，而是有真实的研究实例。比如，每天要看无数透析图的放射科医师，通过检查图片中是否有小斑点来判断患者是否得了癌症。如果患者没有得癌症，她却看到了小点（假警报），那患者就会无端地接受本不需要的手术、放射性治疗和化学药物治疗；但是，如果患者得了癌症，她却没发现小点，那患者就有可能因为治疗不及时而死去。心理学家们对哪些情况下人们易准确判断信号进行了研究。

如何应用信号检测理论

假设你在为空中交通管理员设计一套新系统，来查看空域中有多少飞机互相靠得比较近。你不想有遗漏，于是开启信号（亮光和声音）来确保空管员没有错过信号。不过如果你在为放射科医师设计一个查看 X 光照片的界面，就需要减弱信号，以避免假警报。

小 贴 士

✳ 如果你在为特定任务做设计，先想一想四象限的信号检测图表，考虑一下假警报和未感知哪个造成的损失更大。

✳ 想一想可以基于信号检测理论做哪些设计优化。如果假警报损失更大，就减弱信号；如果未感知损失更大，就强化信号。

第 6 章

人的动机来源

　　新的动机研究表明，过去人们认为屡试不爽的动机激发方法或许可以一试，但并非那么有效。

50 人越接近目标越容易被激励

附近的咖啡店送了你一张积分卡，以后每买一杯咖啡就会在卡上贴一张贴纸，等积分卡贴满的时候，就能免费换一杯咖啡。下面是两种不同的情境。

★ **情境 A**：积分卡有 10 个贴槽，给你卡时所有的贴槽都是空着的。
★ **情境 B**：积分卡有 12 个贴槽，给你卡时已经贴上了 2 张贴纸。

问：贴满一张卡需要多久？ A 和 B 两种情境所用的时间是否相同？其实，在两种情境中你都会为了得到免费咖啡而买 10 杯咖啡，用两张卡会有什么区别吗？

答案当然是"不同"。使用 B 情境中的积分卡，收集满贴纸会更快一些。这叫作**目标趋近效应**（goal-gradient effect）。

目标趋近效应最早由 Clark Hull 在 1934 年用老鼠研究发现。他发现迷宫里寻找食物的老鼠在接近出口时跑得比在入口时快。目标趋近效应是指你接近目标时会加快行动。上面提到的咖啡店是 Ran Kivetz（2006）所做研究的一部分，他要验证人类是不是会像上述 1934 年研究中的老鼠那样行事。答案是"会的"，人们真的如此行事了。

Kivetz 还发现人们喜欢成为奖励计划的一部分。与未参与该计划的顾客相比，拿到积分卡的顾客笑容更多、与店员的交谈时间更长并更常留下小费。

此外，Kivetz 在其他的实验中还发现，当音乐网站的用户更接近网站设置的奖励目标时，他们访问网站或给歌曲评分的频率也就越高。

　　Minjung Koo 和 Ayelet Fishbach（2010）进行了一项研究，来看以下哪种情况会让人更有动力完成目标：(1) 关注已经完成了哪些事；(2) 关注还有什么事尚未完成。答案是第二种情况，当人们关注还有什么没做的时候，会更容易坚持做完一件事。

★ 达成目标后，动力会骤减

　　在顾客达成奖励目标后，其购买动力会骤减。这叫作奖励后重置现象。在奖励达成时失去顾客的风险最高。

小 贴 士

＊ 离目标越近，人们就越有动力完成它，尤其是当成功近在眼前的时候。

＊ 哪怕进展只是个假象，你也可能会有动力，就好像咖啡实验里的情境 B，事实上什么都还没有开始（你仍然需要买10杯咖啡），但看上去好像已经有了一些进展，于是出现了很好的激励效果。

＊ 人们喜欢参加奖励计划。但是要小心。在达成目标后，人们的活动会骤减，你也最有可能在顾客得到奖励后失去他们。你也许希望在给予奖励后进行额外的互动（例如，发送邮件感谢他们成为你的忠实顾客）。

---

51 变动的奖励很有效

如果你学习过 20 世纪的心理学，也许会记得斯金纳和他的操作性条件反射研究。他研究过不同频率、不同方式的**强化**（奖励）对人的行为是否有影响。

赌场的秘密

假设将一只老鼠放进一个有横杠的笼子里，每次只要它按下横杠就能吃到东西，食物就是一种强化物。但是，如果老鼠每次按下横杠不一定就能得到食物，情况又会如何呢？斯金纳测试了不同的情境，发现奖励食物的频率和方式（基于时间间隔还是按压横杠的次数）会影响老鼠按横杠的频率。以下是两种不同的强化（奖励）方式。

★ **基于时间间隔**：每隔一段时间放一次食物，比如 5 分钟。老鼠会在第一次按下横杠 5 分钟后得到食物。

★ **基于按压次数**：该方法不同于基于时间间隔，而是根据按下横杠的次数放食物。老鼠每按 10 次横杠可以得到一次食物。

实验还可以有一些变化，每一种方案都可以使用固定的参数或可变的参数。如果使用固定的参数，那么就要保持相同的时间间隔或按压次数，比如每 5 分钟或者每按 10 次横杠给一次奖励。如果使用可变的参数，那么可以变化时间间隔或按压次数，但要保证它们的平均值不变。例如，原来的设定是老鼠按下横杠 5 分钟后得到食物，现在可以变为有时按压 2 分钟有时按压 8 分钟（平均时间仍然是 5 分钟）就得到食物。

所以总共有以下四种不同的强化（奖励）方式。

★ **固定间隔**：基于固定的时间间隔给老鼠强化。

- ★ **变化间隔**：基于不同的时间间隔给老鼠强化，但时间间隔的平均值等于固定时间间隔。
- ★ **固定次数**：基于按压横杠的次数给老鼠强化，按压次数是固定的。
- ★ **变化次数**：基于按压横杠的次数给老鼠强化，按压次数是变动的，但所有次数的平均值与固定次数相等。

研究证明，根据强化（奖励）的方式，老鼠和人的行为都是可预测的。图 51-1 展示了强化（奖励）方式与老鼠行为的关系。

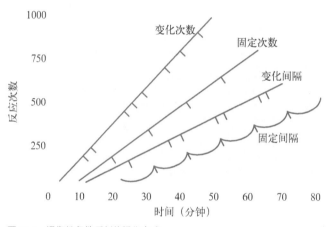

图 51-1　操作性条件反射的强化方式

> **操作性条件反射理论的失宠**

　　操作性条件反射理论是 20 世纪六七十年代流行于大学心理学系的一个重要理论，但许多持有其他观点的心理学家（比如认知心理学或社会心理学）并不怎么感兴趣，于是这个理论也就渐渐失宠了。随着其他学习和动机理论的日益流行，操作性条件反射理论被日渐冷落，只剩下大学心理学入门课本上零星的几页内容。可能你没想到，我的本科毕业论文研究的就是它，我信奉这个理论。虽然我不认为操作性条件反射理论可以解释所有的行为和动机，但相信它是经过了实践检验的，也很有道理。所以，我个人把它用在管理、学校的教学和家庭教育中。

根据操作性条件反射理论，就可以预期人们会以怎样的频率对强化和奖励做出反应并投入某件事。如果你期望一个人最大限度地投入某件事，也许最合适的方式是变化次数。

如果你去过拉斯维加斯，很可能见识过变化次数奖励方式。每次你把钱投进老虎机，都不知道会不会赢钱，这跟玩了多长时间无关，而与你玩的次数有关。由于次数不是固定的，而是变化的，一切就无法预料。你不知道哪一次会赢钱，但是有一点可以确定，那就是玩的次数越多，赢钱的机会越大。结果就是你会越玩越上瘾，而赌场也财源滚滚来。

操作性条件反射理论与设计

如果你不清楚操作性条件反射理论和设计有什么关系，可以再仔细想一想。很多时候，设计师希望激励用户持续投入某件事，斯金纳的研究与此很有相关性，只是人们往往意识不到。回忆一下上一节中 Kivetz 的研究，积分卡其实是固定次数奖励方式的一个例子：买了 10 杯咖啡后（类似于老鼠按了 10 次横杠）得到一杯免费咖啡。另一个例子是 Dropbox 网站，你每邀请一个好友加入都能得到额外的存储空间。

还有一种强化方式，叫作持续强化。如果每次执行某种行为都能得到奖励，那么你就处于持续强化中了。持续强化方式适合用于建立一种新行为。不过斯金纳表示，一旦行为建立起来，不再每次都给奖励其实会让该行为更频繁地出现。如果 Dropbox 在用户每邀请 3~5 个好友后给予更多奖励，即采用固定次数奖励方式，可能会产生更好的效果。

小 贴 士

✳ 想要操作性条件反射理论有效，必须保证强化物（奖励）是用户真正需要的。饥饿的老鼠需要食物，想一想你的用户需要什么。

✳ 思考你所寻找的行为模式，选择最合适的强化方式。尽量使用变化次数奖励来提高人们重复参与的积极性。

✳ 用持续强化方式建立新行为，然后转向其他方式使人们不断行动。

52 多巴胺让人沉迷于找寻信息

你是否曾觉得自己发邮件、发微博或发短信上瘾了？是不是只要看到收件箱有新邮件，想无视它都很难？是否本打算用 Google 搜索资料，但常常在 30 分钟后发现自己在看完全不相关的内容？这些都是因为你的多巴胺系统在起作用。

自 1958 年 Arvid Carlsson 和 Nils-Ake Hillarp 在瑞典国家心脏研究所发现了多巴胺系统后，神经科学家就开始研究它。多巴胺在大脑多个部位都能产生，对于大脑功能非常关键，影响着包括思考、行动、睡眠、情绪、注意力、动机、寻求和回馈等功能。

产生愉悦感还是动力

你可能听说过多巴胺控制着大脑中让人产生快感的"愉悦"系统，但研究者最近发现，多巴胺并非让你感受愉悦，而是让你有追求、寻找、渴望的感觉。它会增强人们的觉醒、动机以及目标导向行为，不仅包括生理需求，诸如食物和性，还包括抽象内容。总之，多巴胺让人产生寻求信息的好奇心和热情。最新研究显示，不只是多巴胺系统，阿片系统也影响愉悦的感觉。

根据 1988 年 Kent Berridge 发表的理论，"欲求"（多巴胺）和"喜好"（阿片）这两个系统是相辅相成的。欲求系统促使你行动，喜好系统让你感到满足，从而停止追求。如果追求没有停滞，你就会进入无限循环的状态。当多巴胺系统强于阿片系统时，你的追求欲望会远超过满足感。

多巴胺让人类进化并得以存活

从进化的角度讲，多巴胺是非常关键的。如果人类没有被好奇心驱动去追寻事物和想法，可能到现在还坐在山洞里呢。多巴胺系统促使我们的祖先探索世界、学习知识并存活下来。比起呆坐不动的满足感，追寻事物更容易使他们存活下来。

期待比得到更好

大脑扫描研究显示，大脑在期待得到奖励时比实际得到奖励时受到的刺激更多、也更活跃。对老鼠的研究显示，如果多巴胺神经元被破坏，老鼠依然可以走路、嚼食和吞咽，但即使食物就在眼前也可能会活活饿死，因为它们已经失去了对食物的欲求。

小 贴 士

✳ 人们受多巴胺驱动而不断寻求信息。

✳ 找到信息的过程越容易，用户就越投入其中。

53 不可预知性驱动人不断找寻

多巴胺也受不可预知事物的刺激。当发生了不可预知的事，多巴胺系统就会受到刺激。想想你的电子设备，你会收到邮件、微博提示、短信，但你不知道它们何时会出现、是什么人发给你的，这些都是难以预知的。这正是刺激多巴胺系统的东西，赌博和老虎机也利用了这一系统。基本上，邮件、微博和大多数社交媒体都是基于第 51 节提到的变化次数的强化方式来运作的。因此，人们更容易沉迷其中，不能自拔。

巴甫洛夫反射

多巴胺系统对能获得奖励的刺激尤其敏感。如果有特定的细节线索预示着即将发生什么，你的多巴胺系统立刻会有反应。这就叫巴甫洛夫反射（Pavlovian response），是以俄罗斯科学家 Ivan Pavlov 的名字命名的。Ivan Pavlov 对狗进行了一系列实验，发现狗（人也一样）看到食物的时候会流口水。于是他把食物和铃声配在一起，这样铃声便成了刺激物。每次狗看到食物的同时也会听到铃声，看到食物它们就会流口水。反复几次之后，狗一听到铃声，即使没有看到食物，也同样会流口水，此时食物不再是引起流口水反应的必需品了。当外界刺激与寻求信息的行为产生联系时，比如手机收到短信或邮件时有声音提示（如图 53-1 所示），你也会产生巴甫洛夫反射——多巴胺分泌促使你寻求信息。

图 53-1　来信提示是一种巴甫洛夫线索

少量信息更让人上瘾

多巴胺系统更容易受到少量信息的刺激，因为少量信息没能满足多巴胺对更多、更完整信息的寻求。字数很少的短信最能刺激人的多巴胺系统。

多巴胺循环

我们的技术工具和通知系统几乎能满足我们随时获取信息的需求。想要立刻和某人聊天？发条短信，他很快就会回复。想要找一些信息？上网搜索就行。想要了解朋友的近况？刷一下你最爱的社交应用即可。人们会进入多巴胺循环：多巴胺驱使人们搜寻信息，搜寻信息的需求得到满足后，多巴胺会刺激人们寻求更多的信息。于是，控制自己不去查收邮件、发送短信、检查手机上是否有未接来电或未读短信，变得越来越难。

➤ 如何打破多巴胺循环

也许你不想建立多巴胺循环，而是已经厌倦了身处其中，持续的多巴胺刺激让你疲惫不堪。要打破这个循环，你必须脱离信息搜寻的环境，比如关闭你的设备或者把它们放在视线之外，甚至同时采取这两种手段。最有效的方式之一是关闭铃声和那些新消息提示。

小 贴 士

✳ 线索，比如短信声音提示，会驱动人们去寻求更多的信息。

✳ 只给出少量的信息，并为用户提供寻求更多信息的途径，可以诱发用户去找寻更多信息。

✳ 信息来得越不可预期，人们越容易沉溺于发掘信息。

54 精神奖励比物质奖励更有效

假设你是个美术老师，想鼓励班里的学生花更多时间画画，于是你决定颁发"优秀绘画奖状"。如果你的目标是让他们画更多的作品并培养绘画兴趣，以何种方式颁发奖状更好呢？每完成一幅作品就颁发，还是偶尔颁发一次？

Mark Lepper、David Greene 和 Richard Nisbett（1973）就这个问题做了研究。他们把学生分成三组。

★ 第一组是有预期小组。研究者给孩子们看了优秀绘画奖状，并问他们想不想通过画画来得到它。

★ 第二组是无预期小组。研究者问孩子们想不想画画，但并没有提奖状的事，在他们画完以后，会出乎意料地得到奖状。

★ 第三组是受控小组。研究者问孩子们想不想画画，但是完全不提奖状，也不会给他们颁发奖状。

两周以后实验结果呈现了出来。在自由活动时间，教室里放了画具，但没有人叫孩子们去画画。猜猜情况如何？无预期小组和受控小组花在画画上的时间更多，而有预期的第一组孩子花的时间最少。**权变奖励**（基于特定行为许诺的奖励）如果不再出现，会导致行为的主动性减弱。之后，研究者又对成人做了一些类似的实验，得到了相同的结果。

★ 人们会无意识地受激励

可能你曾经有为特定目标而努力的经历，因此认为激励是一个有意识的过程。但 Ruud Custers 和 Henk Aarts（2010）的研究显示，有一些目标是无意识中形成的，你不知不觉设立了目标，随后这个目标渐渐地浮现在你的意识中。

承诺金钱奖励能释放多巴胺

Brian Knutson（2001）发现，当被许以金钱奖励的承诺时，大脑伏隔核会变得活跃。吸食可卡因、烟草等任何能上瘾的刺激物时，伏隔核也会变得更加活跃。随着多巴胺的释放，人们的冒险行为也会增加。但是给人们金钱奖励往往会事与愿违，因为他们会依赖于金钱的刺激，并且一旦没有了奖励就会不愿意工作。

从规则性工作到创新性工作

Daniel Pink 在其 2009 年出版的著作《驱动力：在奖励与惩罚已全然失效的当下如何焕发人的热情》里写道，人们过去做的主要是规则性的工作——循规蹈矩地完成任务，但现在 70% 的人（在发展中国家）都在做创新性的工作——不必遵循定法。基于经济手段的传统奖惩措施对于规则性工作很有效，但对创新性工作意义不大。创新性工作通过提供成就感来激发积极性。

人会被社会关系激励

在第 7 章中，我将会介绍社会角色以及社交过程对人们期望和行为的影响。社会化也是一大激励因素，如果一个产品能让用户和其他人产生联系，他会更乐于使用。

小 贴 士

＊ 不要把金钱和物质奖励当作激励人的最佳方式，精神激励会更有效。

＊ 如果你需要给予物质奖励，那么意外的奖励更能激发用户的动力。

＊ 如果你设计的产品能让用户和其他人产生联系，他们会更有使用的动力。

55 进步、掌握和控制感让人更有动力

为什么人们愿意把时间和创造力用在维基百科或开源运动上？细想一下就会发现，人们参与了很多需要投入大量时间、需要专业知识，却没有金钱奖励或职业利益的活动。因为人们喜欢自己有所进步的感觉，喜欢那种学习并掌握新知识或技能的感觉。

小小的进步可以产生很大的动力

进步能给人带来强大的动力，即使很小的进步也能产生很大的效果，激励人们去完成下一步任务。例如，图 55-1 显示了一门在线课程的完成进度。

图 55-1　显示小小的进度也能激励人不断前进

⭐ 关于 Daniel Pink 观点的视频

Daniel Pink 提供了一个动画视频来展示《驱动力》一书中的观点，可搜索 "The Surprising Truth About What Motivates US" 并观看。

你永远不可能完全掌握一项技能

在《驱动力》里，Daniel Pink 指出对一项技能可以掌握得越来越熟练，但永远不会完全掌握。图 55-2 展示了无限接近但永远不可能完全掌握的渐近曲线。你会越做越好，但永无止境。这也是掌握的愿望成为一种动力的一个原因。

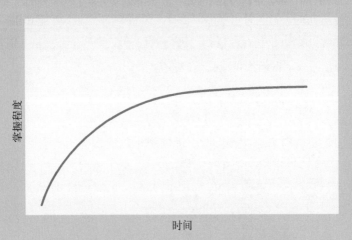

图 55-2　根据 Daniel Pink 的观点，掌握是一条渐近线，无法达到尽头

小 贴 士

＊ 如果你想建立起用户的忠诚度（比如让网站有回头客），就要挖掘用户的内在需求（例如和朋友联系或掌握新知识），而不是添加让他们有钱可拿的活动。

＊ 如果用户不得不完成一项很无聊的任务，不妨直接告知他们并让他们用自己的方式完成，也许会更有帮助。

＊ 想办法帮用户设立目标并追踪进程。

＊ 显示用户完成目标的进度。

56 社会规范让人更有动力

Jessica Nolan（2008）想知道是否有可能只通过提供信息就改变人们的行为。如果可能，什么类型的信息最有望导致行为的改变。

Nolan 设计了以下五种关于省电的信息。

1. 省电保护环境。
2. 省电让你更有社会责任感。
3. 省电能帮你省钱。
4. 你的邻居就很省电。
5. 你的用电量是 ××。

最后，唯一做到省电的一组是听到信息 4 的那组。当得知与邻居相比自己的用电量是多是少之后（顺便一提，这些都是真实的数据），人们就会改变行为。

人很容易受到他人行为的影响。大多数人倾向于效仿周围人的规范和行为。如果得知自己行为与邻居规范行为的对比信息，大多数人会改变行为以更好地符合他人的所作所为。

小 贴 士

✳ 对于自己行为与他人行为的符合程度，人们非常敏感。

✳ 如果你想改变人们的行为，一个好办法就是让他们知道其他人在做什么。他们很可能会开始改变自己的行为来匹配社会规范。

✳ 想利用社会规范，就要在你的内容中提供有关其他人在做什么的信息。如果可能的话，直接展示他人的数据或信息与用户自己的有多相似或多不同。

57 人天生懒惰

说人天生懒惰可能有一些夸张，但研究确实显示人们会以最少的工作量来完成任务。

懒惰是某种意义上的高效吗

经过亿万年的进化，人类已经懂得只有保存能量才可以生存得更久、更好。你要用足够的能量来换取足够的资源（食物、水、性和住所），但如果在此之外跑动太多或做过多的事，就会浪费你的能量。当然，多少才算足够、我们是不是有足够的资源、资源应该维持多久，这些问题仍然困扰着我们，但把这些哲学问题放置一边，对于多数活动来说，人们坚持的是"满足"原则。

满意 + 足够 = 满足

satisfice（**满足**）这个词是由 Herbert Simon 发明的。他用该词描述人们做决策的一种策略——适可而止而不是做到最优。满足的中心思想是，对各种选择进行面面俱到的分析不仅成本过高，而且很难实现。Simon 认为，人们通常没有足够的认知能力来权衡选择，所以做决定时追求"合格"或"恰到好处"会更有意义，而不是找出最极致或最完美的方案。如果人们追求"满足"而不是"最优"，那么这对网站、软件等产品的设计就有特别的意义。

网站设计应便于浏览而不是细读

Steve Krug 在 2005 年出版的《点石成金：访客至上的网页设计秘笈》一书中，将满足这一理念应用于观察访问用户的行为。你希望用户阅读整页，但 Krug 指出："大多数时候（如果我们运气好的话）用户只是瞥一眼新页面，迅速浏览一些文字，然后点击第一个吸引他们的链接或是依稀与他们查找内容相关的链接。往往很大一片区域完全被忽略。"Krug 把网页比作广告牌，设计师必须假定用户只会匆匆扫一眼。

带着这样的想法，快速浏览图 57-1 和图 57-2，它们分别截取自两个美国网站。

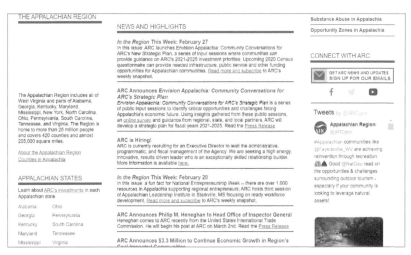

图 57-1　阿巴拉契亚地区网站

图 57-2　美国医疗保险网站

快速浏览后你应该能感觉到，阿巴拉契亚地区网站比美国医疗保险网站看起来费劲。你对一个网站好用程度的判断，正是基于这一两秒的第一印象。相比之下，后者字体更大，空间分配更合理，网页上的信息也更少。

第一印象对于用户确定要不要继续浏览网站非常关键。

小 贴 士

* 设计时尽量假定人们想用最小的工作量完成任务，因为这种可能性最大。

* 恰到好处的解决方案就能够让人满足，不一定需要最优方案。

* 看网页的第一眼会影响人们对其易用性的印象。首先看到大字体和充足的留白会让网站显得更易用。

58 快捷方式易用时人们才会用

在计算机上打字的时候你会用键盘快捷键吗？会用一部分？为什么会这样呢？

人们会选用更快、步骤更少的方式来完成任务，尤其是那些需要反复做的事。但如果快捷方式太难找或者操作习惯已经养成，人们就会一直沿用过去的做法。这听起来有些矛盾，但事实上一切都取决于人对工作量的感觉。如果找快捷方式看上去工作量太大，人们就宁愿沿用过去的习惯（他们只要感觉到满足，就心满意足了）。

提供默认值

默认值能减少完成任务所需的工作量。比如，若网站自动帮助用户填写姓名和地址，用户完成表单就会快得多。但默认值也会有一些隐患，有时候用户没注意到，就不小心误用了。如何权衡取舍？和之前提到的一样，关键在于有多大的工作量。如果修改默认选项的工作量较大，那么在设计时就要斟酌是否要提供默认选项。

有时默认值反而多事

前些时候我在网上给女儿买了双鞋子，最近我又去那个网站给自己买了双鞋。但是默认的送货地址是上次填的我女儿家，我也没有注意到。结果这双鞋子送到了女儿家，她非常惊讶，因为她没有买鞋子。默认的操作给我和女儿都惹来了麻烦。

小 贴 士

✻ 只要快捷方式易学、易找、易用，就可以提供给用户。但不要以为用户总是会用它们。

✻ 如果你知道人们大多数时候需要什么，就可以提供相应的默认值，前提是万一用户误用了默认值，也不会带来太大的错误成本。

59　人们归因于你而不是客观情境

一个人走在繁忙的大街上赶着去赴约，遇到一个大学生模样的人掉了文件夹，里面的文件散落一地。他只瞥了一眼，然后继续赶路。你会怎么想？为什么他不停下来帮着捡起文件呢？

如果回答"看来他是个很自我的人，从不在街上帮助陌生人"，那你很可能犯了**基本归因错误**。人们在评价别人的行为举止时，往往归因于人品而不是客观情境。比如，在这个例子中，除了可以解释为"他很自我"，你还可以找找客观原因，例如"他要去银行开个重要会议，快迟到了，所以今天没有时间，也许换个情况他就会停下"。但事实上你不会这么想，不会认为是客观原因导致了他的行为，而是觉得一定是他人品有问题。

放在自己身上，则全是客观因素

但是，如果是分析解释自己的行为和动机，那你的思维方式就会截然不同。换句话说，你会认为自己的动机和行为都是客观因素引起的，与人品毫无关系。如果是你没有停下来帮忙捡文件，你会解释说开会马上要迟到了，根本没有时间停下，诸如此类。

基本归因错误的研究结果如下。

★ 在推崇个人主义的文化氛围下，很容易把他人的行为归因于其品行。在这些文化中，普遍存在基本归因错误。

★ 另外，这些国家的人们在解释自己的行为时，又更倾向于找客观原因。

★ 在推崇集体主义的文化氛围下，人们也会犯基本归因错误，但没有那么频繁。

该研究主要分析人会把自身行为归结于个人品行还是客观情境。人们还会把其他团队的决定归因于团队成员的态度，而认为自己团队的决定是根据集体的决策规则做出的。

即使知道自己犯了基本归因错误，也无法自制

研究显示，要制止自己犯基本归因错误非常困难。即使知道自己做了不准确的评判，你还是会犯同样的错误。

人们更愿意为自然灾害而不是人为灾难捐款

Hanna Zagefka（2010）请被试者阅读一则关于小岛洪灾的虚拟新闻报道。一组被试人员阅读的报道内容强调了发生水灾的原因是大坝修建质量差，另一组的报道内容则强调了发生水灾的原因是特大暴风雨，没有提到大坝的问题。结果第一组成员捐款的意愿明显低于第二组。

另一项研究也得出了类似的结果。在对某地海啸和内战捐款的研究中，如果研究者强调战争是由种族冲突引起的，参与者就不太愿意捐款，因为他们觉得这是人为引起的事件。

Zagefka做了更多的研究，都得出了同样的结论。当人们觉得灾难是人为造成且本可以避免时，就会倾向于怪罪造成灾难的人们。

小 贴 士

＊ 如果你正在采访某个领域的专家、了解人们会怎么做，应该慎重衡量他说的内容。专家可能会忽略一些客观因素，过多地强调人们的个性。

＊ 想办法来检测你自己的偏见。如果你的工作需要大量分析人们的行为动机，那在分析之前记得扪心自问："我会不会犯基本归因错误呢？"

60 习惯的养成或改变比你想的简单

你听说过养成或改变一个习惯需要 60 天吗？好吧，这其实不是真的。虽然我曾经写过这是真的，但是新研究和思维转变让我意识到，习惯的养成或改变可以非常简单。

你可能没有留意过，但是你的很多日常行为是由习惯构成的。你不经思考就会做出这些自动行为，而且每天都会以同样的方式来做。

想想你甚至不记得从何而来的那些习惯：或许是每次出门把钥匙放在同一个口袋里，又或许是每个工作日醒来后的一整套例行程序。

你可能对数百件事都有例行程序，例如：

- ★ 如何从家上班；
- ★ 到达办公室后做什么；
- ★ 如何清扫房子或公寓；
- ★ 如何清洗衣物；
- ★ 如何为亲戚购买礼物；
- ★ 如何锻炼身体；
- ★ 如何洗头发；
- ★ 如何给盆栽浇水；
- ★ 如何遛狗；
- ★ 如何喂猫；
- ★ 如何哄孩子睡觉；
- ★ 等等。

如果习惯难以养成，你怎么会有这么多习惯呢？

通常，对于大多数人而言，习惯是无意识养成的，而且会自动执行。习惯帮助我们做到在生活中需要做和想要做的数百件事。因为我们不必去想就能执行一个习惯，所以这将我们的思维过程解放了出来，可以去做其他的事情。这是我们的大脑进化出的一种高明手段，让我们更加高效。

习惯其实是巴甫洛夫经典条件反射的另一种形式。下面是我们所知关于习惯的科学。

1. 如果你想让某人的行为成为习惯，就让他们需要做的动作变小、变简单。例如，假设你有个新的社会媒体渠道，想让人们习惯于经常登录应用并查看。也就是说，你想把人们的查看行为变成习惯。那么第一步就是确保在渠道里查看活动非常简单明朗。在他们刚开始接触应用时，一有活动就向其发送一封带有通知提示的信息。

2. 含有实际身体动作的行为更容易转化为习惯。即便是一个很小的身体动作，如按按钮或滑动手机屏幕，就足以成为习惯的开端。这就是为什么包含身体动作（滑动、滚动和点击等）的应用能非常简单地成为人们的习惯。

3. 与听觉提示相关、视觉提示相关或二者皆相关的习惯更易养成和保持。这就是为什么通知提示让某些应用成为了人们的习惯。

小 贴 士

✳ 给用户一些简单的小任务去完成，而不是马上让他们完成一个复杂的任务。

✳ 内置听觉提示或/和视觉提示。

✳ 纳入某种类型的身体动作（点击、滑动或滚动等）。

---

61 竞争者较少时人们更有竞争的动力

你有没有参加过类似SAT（学术能力评估测试）和ACT（美国大学入学考试）这样的标准考试？考场里有多少考生呢？这对你有什么影响吗？ Stephen Garcia 和 Avishalom Tor（2009）做的研究显示，这有很大影响。他们对比了 SAT 考试时考生较多和考生较少的不同教室，并调整分数来保证研究结果不受当地教育预算等客观因素的影响，最后发现坐在人少的教室里的学生考分更高。Gracia 和 Tor 推测那是因为当竞争者很少时，你（可能是无意识地）会感觉自己容易拔尖，因而会更努力；而竞争者变多的时候，你就很难估计自己的位置，也就缺少了让自己拔尖的动力。他们把这称为 N 效应，N 就是公式中的数（number）。

和 10 个人竞争不同于和 100 个人竞争

Garcia 和 Tor 决定在实验室里检测自己的理论。他们让参与者做一个小测验，要求尽量快且准确，同时告知大家前 20% 的人能得到 5 美元。随后他们告诉 A 组要和另外 10 个人竞争，告诉 B 组要和另外 100 个人竞争。结果 A 组答题的速度远快于 B 组，因为和较少的人竞争让他们更有动力。有趣的是，事实上在测试室里并没有其他对手，他们只是被口头告知有另外一群人和他们同时做测验。

内置竞争机制

如果你在设计一款包含竞争的产品，无论是追踪销售团队各成员成绩的软件还是游戏，最好注意上述研究对竞争的结论。

带有排行榜的产品常常列出几十甚至几百个名字。要让人们有动力，最好只在排行榜上显示前 10 名。

小 贴 士

✳ 竞争会给人动力，但不要滥用。

✳ 出现 10 个以上竞争者会挫伤大家竞争的意愿。

62 自助让人更有动力

你多久用一次自助网站或自助产品，比如 ATM 机、驾照年审的网站、网上银行或中介服务网站？你使用过多少不必通过别人就能用的自助产品？

你肯定听过人们抱怨自助服务（"还是像以前那样可以跟真人交谈比较好"），特别是记得自助服务出现之前那些日子的老年人。但人们其实还是喜欢独立完成任务，尽量少寻求别人的帮助。人们喜欢按照自己的方式、在自己方便的时间做一些事。人们喜欢自助。

> **自助能激励人们，因为这样有控制感**
>
> 潜意识脑喜欢一切尽在控制之中的感觉。如果事情是可控的，你就不容易陷入危险。旧脑总是帮你远离威胁。这种控制意味着远离危险，意味着 DIY，意味着自助让人更有动力。

小 贴 士

✳ 人们喜欢靠自己做事，并充满动力。

✳ 如果你想增加自助服务，要保证你的界面提示能够强调可控性和自助性。

第 7 章

人是社会性动物

我们低估了社交对人的重要性。人们会利用周围一切事物来参与社交，包括科学技术。本章将介绍社交背后的科学。

63 "强关系圈" 的人数上限是 150 人

我们在社会媒体账号上有粉丝和关注的对象。此外，我们还有平时一起工作的同事，在学校和教会等社会团体中结识的友人，以及自己的好友和家人。想想我们到底有多少人脉？

邓巴数字

进化论人类学家研究了动物的社会群体。他们一直尝试回答的一个问题是，不同物种的社会群体是否有个体数量的上限。Robin Dunbar（1998）研究了不同的动物物种。他想知道社会群体中稳定的关系数量是否与脑容量（特别是新皮质）有关。他提出了一个计算不同群体数量上限的公式，人类学家称之为物种的邓巴数字（Dunbar's number）。

人类社交圈的人数上限

基于对动物的研究，Dunbar 推断出了人类社交圈子的人数上限。根据他的计算，人类的圈子上限大约为 150 人。更准确地说，他计算出的数字是 148，四舍五入为 150。当然难免有较大的误差，95% 置信区间的结果是 100 到 230 人（以免统计学家质疑）。

> **邓巴数字经历了时间和文化的考验**
>
> Dunbar 将不同历史时期、不同地域的社交圈子容量都记录在案，他确信这个数字是经得起文化、地域和时间考验的。
>
> 他认为 25 万年前人类新皮质的容量就与现在相当，于是开始研究狩猎者聚居的远古社会。他发现，新石器时代一个农村的平均人口就是 150 人，基督教哈特派定居点人数、罗马标准部队人数，还有现代部队人数也是一样。

稳定的社会关系人数有上限

这个限制是指你能与其维持稳定社交关系的人数。在这样的团体关系中，你了解每个人以及他们相互之间的关系。

嫌上限太低吗

每当谈及人类社会群体的邓巴数字 150 时，很多人会觉得太少了，因为他们生活圈子中的人数远比这多。其实 150 人是指联系紧密的圈子规模。如果一个圈子的生存压力很大，那么它会稳定在 150 人，并且在地理位置上相距很近。如果生存压力不大或组织人员分散，邓巴估计人数上限会更低。这意味着，对当今社会的大多数人来说，这个数字应该达不到 150。在社会媒体中，一个人也许会有成百上千名好友。然而，邓巴数字的支持者会说，这些关系并不是邓巴所说的坚固稳定的关系，这个圈子也不是每个人互相了解并紧密聚合的团体。

这就是重要的弱关系吗

一些批评者认为，在如今的社会媒体中真正重要的并不是邓巴数字谈及的强关系，而是弱关系。弱关系不需要人人都互相了解，不需要真的扎堆在一起。（这里的"弱"并非指不重要。）例如，我们的社会媒体好友就主要是弱关系。

刻意为强弱关系做设计

如果要为创建中的产品、应用或服务内置社交或社群功能，你可能要停下来想想希望其成为强关系社群还是弱关系社群。你假定人们会在社群里联系上千甚至上万人吗？如果是，你就是在建立弱关系社群。或许，你在计划建立不超过 150 人的小社群？如果是，你就是在建立强关系社群。

对于弱关系社群，人数很重要，人们不需要知道其他人是怎样联系的。

对于强关系社群，就要假定每个人都有不超过 150 个好友，并且考虑展示社群中的每个人是如何相互联系的。

 对 Robin Dunbar 的采访

可以在《卫报》网站上搜索"My Bright Idea: Robin Dunbar"观看 Robin Dunbar 的采访视频。

小 贴 士

* 强关系圈中的人数上限约是150人。弱关系圈则会大得多。

* 在设计一个注重社区关系的产品时，请考虑其中的交互是为强关系设计还是为弱关系设计的。

* 如果是为强关系做设计，你需要设计一些能让用户近距离接触的功能，让他们可以在圈子中联系和相互了解。

* 如果是为弱关系做设计，就别以让社交网络中的用户直接联系或近距离接触为主要目的。

64 人天生会模仿和同情

如果你面对着一个婴儿吐舌头，那么这个婴儿也会朝你吐舌头。这样的模仿从很小甚至只有一个月大的时候就开始了。那这是什么造成的？这个例子说明我们大脑生来就具有模仿能力。对大脑的研究展示了人是如何进行模仿的，以及如何在产品中利用模仿来影响用户的行为。

镜像神经元的活动

大脑前部有一个名为"前运动皮质"的区域（像马达一样驱使你行动），它并非大脑中真正发出运动信号的部分，初级运动皮质才是。前运动皮质的作用是让你**打算**行动。

假设你正拿着一个冰激凌甜筒，却发现冰激凌正在融化，想在它滴到衬衫上之前舔掉。如果此刻有台功能磁共振成像仪器连着你的话，首先你会发现前运动皮质在你打算舔的时候活跃了起来，然后才会看见初级运动皮质在你抬起手臂的时候也活动了起来。

假设现在拿冰激凌的人不是你，而是你的朋友，你看着朋友的冰激凌开始滴下。如果这时他抬手并舔掉冰激凌，在你的前运动皮质也会出现同样的神经元活动。看别人的动作也会引发你的脑神经元活动，就仿佛是你自己做动作一样。这些活动的神经元被称为**镜像神经元**。

⭐ **镜像神经元是同情之源**

最新理论提到，人们的同情之感也源于镜像神经元。镜像神经元让我们能体验他人的体验，深切地理解他人的感受。

如果仔细观察两个人聊天，你会发现一段时间以后他们就会开始模仿对方的肢体语言。如果一方前倾，另一方也会前倾。如果一方触摸自己的脸，那么另一方也会触摸自己的脸。

Tanya Chartrand 和 John Bargh（1999）进行过一项实验，让被试者坐下来和某人聊天（"某人"其实是实验有意安排的，但被试者并不知情）。安排的这些人会有计划地改变自己的动作行为，有的要多笑，有的要触摸自己的脸，还有的要抖脚。被试者会开始无意识地模仿他们的动作。有些行为次数增加得特别多，其中摸脸增加了 20%，而抖脚增加了 50%。

在另一项实验中，Chartrand 和 Bargh 进行了两组实验：第一组的人模仿被试者的动作，第二组的人则不模仿。聊天结束后，实验者问被试者是否喜欢其聊天对象，对刚才的谈话感觉如何。结果，第一组被试者对聊天对象和谈话的评价都要高于第二组。

⭐ **Ramachandran 的镜像神经元研究**

Vilayanur Ramachandran 是镜像神经元领域的前沿研究者。我推荐大家看看他在 TED 上介绍自己研究的演讲 "The Neurons That Shaped Civilization"。

小 贴 士

✳ 别低估了人们的模仿能力。如果你想影响用户的行为，直接给一个示例也不错。

✳ 研究表明，故事情节在大脑中产生的图像也能触发镜像神经元活动。想让用户做某些事的话，就给一些故事情节吧。

✳ 网站里的视频会非常引人注目。想让用户来医院打流感疫苗吗？那就给他们看众人在诊所排队打流感疫苗的视频。想让小孩吃蔬菜吗？那就给他们看其他小孩吃蔬菜的视频。镜像神经元会发挥作用的。

65 共同做一件事会把人们联系在一起

军乐队、为中学足球赛欢呼的球迷以及教堂的人们，他们有什么共性？他们都在进行**同步活动**。人类学家一直都对某些文化中的仪式很感兴趣，例如击鼓、舞蹈和唱歌。Scott Wiltermuth 和 Chip Heath（2009）进行了一系列研究，深入测试同步行为是否会影响人们的合作以及如何影响人们的合作。他们分别测试了齐步走、不齐步走、齐唱以及进行其他活动的情况。结果发现，参与同步活动的人能更好地合作完成后续任务，也更愿意为集体利益牺牲个人利益。

同步活动是所有人同时同地在一起进行的活动，如跳舞、打太极、练瑜伽、唱歌和齐声喊口号等。

Wiltermuth 和 Heath 的研究也表明，不用为了更好地合作而刻意喜欢小组或小组活动。只要参与同步活动，就能够增进队员间的关系。

线上社群中的亲密关系

不过如何在线上社群中建立亲密关系呢？一些线上社群是同步或几乎同步的。电话会议和多人游戏是同步的。短信和消息应用通常是几乎同步的。然而，尽管这些社群是同步的，也很难参与同步活动。线上社群通常不会一齐唱歌、敲鼓、跳舞甚至鼓掌。

这就是线上社群很难像面对面社群那样紧密凝聚的主要原因。

人需要同步活动以获得幸福感吗

2008 年，Jonathan Haidt 在他发表的文章 "Hive Psychology, Happiness, and Public Policy" 中将同步活动和镜像神经元与人类学和进化心理学联系了起来。他的推测是，同步活动能使团队更团结从而更牢固。因为只有在同步活动时，镜像神经元才能产生一种幸福感，这种幸福感是不能通过其他途径产生的。

小 贴 士

✳ 线上交互大多不需要与他人近距离接触，这给设计师设计同步活动带来了很大限制。

✳ 在产品设计中制造同步活动的机会包括用流媒体视频直播或实时视频音频连接。

66 人们认为线上交往也应遵循线下社交规则

与他人交往时，人们会遵循社交规则和规范。假设你正在咖啡馆喝咖啡，这时你朋友 Mark 走进来，看到你倚窗而坐，便走过来和你打招呼："嗨，Richard，你好吗？" Mark 希望你会和他互动，并且遵循特定的礼仪。他预期你会看着他，准确地说，是看着他的眼睛。如果你们以往的交往很愉快，那么他会期待你面带微笑。他猜想你会回答他说："很好啊，我正坐在这儿享受好天气呢。"之后聊天的内容就取决于你们彼此的熟悉程度了。如果你们只是泛泛之交，他也许会结束聊天："好吧，好好享受。再见！"如果你们是亲近的朋友，那么他也许会拉椅子过来和你长谈一番。

你们两人对于如何互动都有所预期，如果有人违反了预期，就会让对方觉得不舒服。例如，如果 Mark 打完招呼后，你却没反应，那会怎样呢？如果你无视他呢？如果你没看着他呢？如果你回答说"我姐姐从不喜欢蓝色"，然后望向天空呢？又或者你的回答涉及个人隐私呢？以上任何情况都会让 Mark 感到不舒服。他会尽快结束这样的对话，以后再碰到你时也会尽量躲避。

线上互动遵循同样的规则

线上互动遵循的规则也是一样的。当登录某个网站或使用一个应用时，你会对该产品的反馈以及交互方式有所预期，这样的预期大多可以对应到人际互动的预期上来。如果网页没有反馈或加载时间太长，就好像聊天的对象不看你、无视你一样。如果网站过早要求填写私人信息，就好像一个外人突然要跟你亲密往来。如果应用在会话间不保存好你的信息，就好像对方没有认出你或者把你忘了。

最近，我们县的公共图书馆为线上借书推出了一款新应用。我酷爱阅读，常去图书馆，因此对该应用跃跃欲试。它给我的第一个任务是从一个列表中选择本地分馆。

听起来不难，但是有两点：第一，列表中共有 456 个分馆；第二，这些分馆并未按特定顺序排列。因此，尽管我知道本地分馆的官方名称，也无法在列表中找到它。在向下滚动了 10 屏图书馆名称后，出现了如图 66-1 所示的屏幕。

想象一下，你走进一座图书馆借书。图书管理员递给你一份长长的图书馆列表，让你从中选出自己所在的这座图书馆。如果你选得不够快，他就会背诵出图 66-1 中的这些话（包括下面那一长串字母和数字，而且你要记住它们并转告给其他人）。

图 66-1　该屏幕没有遵循社交规则预期

人类图书管理员是绝对不会这样和你互动的。这个屏幕显然没有遵循社交规则预期。

小 贴 士

✳ 设计产品时，多考虑用户会如何与它互动。产品的交互是否符合人际交往规则？

✳ 很多产品的可用性设计规范其实和对社交行为的预期相关。遵循基础的可用性规范，就能迎合人们对交互的预期。

67 说谎程度因媒介不同而不同

沟通的方式多种多样：写信、发邮件、面对面对话、打电话、发即时消息，等等。一些研究者很好奇人们使用这些媒介沟通时的诚实度是否有差异。

92% 的研究生说了谎

德保罗大学的 Charles Naquin（2010）及其同事曾做过一个实验，研究人们发邮件和写信沟通时的诚实度是否相同。

在一个实验里，研究者给 48 名商学研究生每人 89 美元（并未真的给钱）并要求他们和伙伴分这笔钱，他们必须决定是否告诉伙伴自己到底拿到多少钱，以及要分给伙伴多少钱。一组用电子邮件和伙伴沟通，另一组用书信。用电子邮件的那组（92%）比用书信的那组（63%）说谎的人要多。前者在钱的分配上也更不公正，而且对于自己的不诚实不以为然。

管理者也说谎

为了证明并非只有学生会说谎，Naquin 研究小组针对管理者也做了研究。177 名管理者进行了一场金融比赛，他们每 3 人一组，每组的每个人都有一次做管理者的机会，为项目分配钱。他们用的是真钱，并且被告知可用资金额将于赛后公布。一些参赛者必须用电子邮件沟通，其余的必须使用书信沟通。结果，使用电子邮件沟通的管理者比使用书信的说谎更多，给自己留的钱也更多。

Terri Kurtzberg 小组（2005）做了三个实验，研究人们通过电子邮件和书面形式对同事进行业绩评价的结果是否一样。三组实验结果显示，人们用电子邮件时给出的评价更低。

人们在打电话时说谎最多

看到这里，你也许会以为人们在使用电子邮件时说谎最多，其实不然。Jeff Hancock（2004）进行了日记式研究，让被试者每日自我报告说谎情况。结果被试者坦承他们打电话时说谎最多，写电子邮件时最少，面对面谈话和即时通信时介于二者之间。

➡ 道德分离理论

斯坦福大学的社会心理学家 Albert Bandura 猜测，为了摆脱自身行为的不良结果，人们会变得不道德。他在 1999 年把这种理论命名为"道德分离理论"。讨论电子邮件的研究结果时，Charles Naquin 小组认为，电子邮件造成了一种距离感，因为它容易删除，而且人们感觉网上交流时信任程度和亲密程度更低。

★ 如何辨别谁在电子邮件里说了谎

Jeff Hancock 在 2008 年发表的报告中指出，说谎者一般会比诚实者多打一些字（多出 28%），而且说谎者不常使用第一人称（我），更多地使用第二和第三人称（你、他、她和他们）。有趣的是，研究中很多人并不擅长分辨自己是否被骗。

人们在发短信时说谎吗

Madeline Smith 在 2014 年对短信中说谎情况的研究显示，人们发短信时的说谎率约为 76%。她发现短信中的谎言主要与自己有关（例如，说自己因为工作不能和某人共进午餐，但你其实并没有工作，只是不想去和那个人一起吃饭）。她还发现，几乎每个人都会在发短信时说谎，不过约 5% 的人特别爱说谎——接近大部分人的 3 倍。

小 贴 士

* 大部分人经常说谎，少数人特别爱说谎。

* 人们在打电话时说谎最多，用纸笔时说谎最少。

* 人们使用电子邮件时比使用纸笔时态度更消极。

* 如果你正在设计通过电子邮件进行的调研，要明白人们用电子邮件时比用纸笔时态度更消极。

* 如果你在做调研或收集用户反馈，要注意电话调研的反馈不如邮件或纸笔反馈来得准确可信。

* 面对面、一对一地收集客户或用户反馈才是最准确的。

68 沟通时说话者与倾听者的大脑同步

当听人说话时，你的大脑会与说话者同步。Greg Stephens（2010）和他的团队进行了一项实验，让被试者听他人说话的录音，并使用功能磁共振成像仪器记录他们的脑部活动。他发现，在听别人说话时，倾听者与说话者的大脑模式开始同步。这个过程会稍有延时，因为建立联系形成沟通需要时间。最终，大脑有好几个区域同步了。他还让人们听完全听不懂的语种，来与之前的结果做对比，这种情况下倾听者和说话者的大脑不会同步。

同步 + 预期 = 理解

在 Stephens 的实验中，大脑同步程度越高，倾听者就越能理解说话者传达的观点和信息。通过观察大脑不同部位的活动，Stephens 发现大脑中负责预言和预期的部位激活了。它们越活跃，沟通就越成功。Stephens 发现大脑中负责社交的部位也同步了，包括对成功沟通非常关键的处理社交信息的区域，例如能够理解他人的信仰、渴望和目标的区域。Stephens 还猜测镜像神经元对说话者和倾听者的大脑同步也有作用。

小 贴 士

✳ 倾听会使大脑产生同步，这有助于理解对方所说的内容。

✳ 通过音频或视频传达信息，让人们能听到说话者的声音，是帮助用户理解信息的绝佳方式。

✳ 如果想让用户清晰地理解信息，就不要单纯依赖阅读这一种方式。

69 大脑对熟人反应独特

你叔叔 Arden 邀请你带些朋友一起去他家看世界杯比赛。到了之后，你看到很多认识的（亲戚和他们的朋友）和不认识的人。场面很热闹，大家一边吃东西一边看比赛，同时谈天说地，从足球到政治无所不谈。可以想象的是，你和一些亲朋好友会有共鸣，而和另一些人则没有。在足球和政治话题上，你跟今天遇到的陌生人可能比跟亲戚朋友更谈得来。房间里的人和你可能有这样四种关系，如图 69-1 所示。

相似	有很多共同点的亲戚朋友	有很多共同点的陌生人
不相似	没有太多共同点的亲戚朋友	没有太多共同点的陌生人

图 69-1 在世界杯聚会上可能出现的四种关系

Fenna Krienen（2010）针对以下问题做了研究：你的大脑对这四种人的反应会不一样吗？你会根据熟悉程度对他们做出不同的判断吗？或者与你的亲近关系（是你的亲戚朋友）才是最重要的？如果对这四种情形做出的反应不同，会不会显示在功能磁共振成像脑扫描结果上？如果你在想一个陌生人，但有熟悉的感觉，那你的大脑会像想到亲戚朋友一样激活同样的部位吗?

Krienen 及团队检验了这些理论。他们发现，人们在回答有关朋友的问题时，无论是否觉得朋友与自己相似，内侧前额叶皮质都会激活。内侧前额叶皮质是大脑感知价值和控制社会行为的部位。当人们想着有共同兴趣的陌生人的时候，它是不会激活的。

小 贴 士

✳ 所有的社会媒体都不同。辨别哪些是用来联系亲朋好友的、哪些是用来联系陌生人的，这一点很重要。

✳ 人们"天生"特别关注亲朋好友。比起用于泛泛之交或其他用途的社会媒体，适用于联系亲朋好友的社会媒体更能激励用户，也会获得更多忠诚用户。

---

70 笑把人们联结在一起

你每天会听到多少次笑声？笑声无所不在，你根本不会去琢磨笑声的含义以及人们为什么而笑。

虽然对于笑的研究比你想象中略少，但还是有人花了些时间研究。Robert Provine 是为数不多的研究笑的神经系统科学家。他提出笑是一种建立社会关系的本能（而非习得）的行为。

Provine（2001）花了很长时间观察人们为什么以及何时会笑。他的团队观察了各地 1200 个人不由自主的笑，记录了这些人的性别、情景、说话者、听者以及说话的内容。以下是他们的发现。

★ 笑是不分国界的。所有文化中的所有人都会笑。

★ 笑是无意识的。人不会依照指令笑，否则就变成了假笑。

★ 笑是为了社会沟通。人在独处时是很少会笑的，和别人在一起时笑的次数比独处时多 30 倍。

★ 笑是有感染力的。听到别人笑的时候自己也会开始笑。

★ 4 个月大的婴儿就会笑了。

★ 笑与幽默无关。Provine 研究了 2000 例自发的笑声，多数都不是由幽默或笑话引发的。多数笑声跟在这样的语句后面："嘿，John，你去哪儿了？""Mary 来啦！""你考试考得如何呀？"在这些话语后面的笑声能使人们的社会关系更加亲密。只有 20% 的笑是因为听了笑话。

★ 人很少在说话时笑，通常是说完才笑。

★ 说话人笑的次数是听话人的两倍。

★ 女人笑的次数是男人的两倍以上。

★ 笑能显示社会地位。在社会团体中的地位越高，笑得往往越少。

因搔痒而笑与愉悦的笑

Diana Szameitat（2010）和她的团队研究了因搔痒而笑和因其他原因而笑。他们让被试者听笑声的录音，同时挠其痒痒，然后只让其听笑声录音而不挠痒。听笑声不挠痒时，大脑中活跃的区域是内侧前额叶皮质。该部位通常与社会和情感处理有关联。边听边挠痒时，活跃的不仅是内侧前额叶皮质，还有次级听觉皮层，而且笑声也不同。

研究人员认为，笑声也许起源于动物的反射行为，渐渐地各种动物和物种的笑声产生了不同。

笑声和技术

异步沟通（通过电子邮件或消息等）的问题之一是听不到其他人的笑声。如果我们和他人（无论是朋友还是同事）的多数沟通是通过文本媒体进行的，那就听不到其他人的笑声，也难以凝聚关系。

群体要想形成并维持亲密关系，就需要有面对面见面，至少是语音通话的机会，这样才能听到彼此的笑声。

 其他动物也会笑

不仅人类会笑，猩猩相互挠痒时也会笑。Jaak Panksepp 研究过老鼠，当他给老鼠挠痒时，老鼠也会笑。你可以搜索并观看 Jaak Panksepp 给老鼠挠痒的视频 "How Rats Laugh"。

小 贴 士

✳ 很多线上交互（电子邮件或消息等）是异步的，因此不支持通过笑声来建立社会关系。

✳ 如果线上同步沟通可以使用笑声的话，会使社会关系凝聚得更好。

✳ 想让别人笑，未必需要使用幽默或笑话。普通的聊天和互动比刻意的幽默或笑话能带来更多笑声。

✳ 如果想让别人笑起来，可以自己先笑。笑是会传染的。

71 人更容易从视频中分辨出假笑

对笑的研究始于 19 世纪中叶，一位名叫 Guillaume Duchenne 的法国医生使用电流刺激被试者的某块面部肌肉并拍下他们当时的表情（如图 71-1 所示）。这确实很痛，很多表情看上去很痛苦。

图 71-1　Guillaume Duchenne 拍下的面部通电表情照

真笑还是假笑

Duchenne 发现了两种不同的笑。一种是由颧大肌（用于抬起嘴角）和眼轮匝肌（抬起面颊并使眼睛弯起）收缩引起的。这种微笑被称为杜乡式微笑（Duchenne smile）。在非杜乡式微笑中，只有颧大肌收缩，也就是说嘴角抬起了但眼睛没弯起。

在 Duchenne 之后，也有些研究者用这样的方法研究笑。多年来，杜乡式微笑被认为是真实的笑，不可能是假笑，因为 80% 的人无法有意识地控制眼部肌肉使眼睛弯曲。为什么人们对真笑假笑如此感兴趣？因为大家更容易相信并喜欢看起来真诚的人，而非虚情假意者。

有关 80% 的疑问

Eva Krumhuber 和 Antony Manstead（2009）决心研究人们是否真的不能假笑得和真笑一样。他们的发现与之前有所不同。他们在研究中拍摄了人们假装笑的照片，其中有 83% 的假笑让别人误以为是真笑。

他们决定再测试一下视频的效果。结果发现在视频里很难假笑，但不是因为弯眼睛的缘故。人们能从其他特征分辨出假笑，例如笑了多长时间，除了幸福感以外是否还有其他情感，如闪过的一丝不耐烦。视频让人更容易分辨假笑，因为它比照片的持续时间更长，而且是动态的。

> ### 小 贴 士
>
> ✳ 注意视频里的笑。比起照片，人们更容易从视频里分辨出假笑。如果他们觉得笑容不真诚，就不大会信任你。
>
> ✳ 虽说假笑和假装弯起眼笑是可能的，不过照片比视频里更不易被发现。
>
> ✳ 人们能通过观察矛盾的情感来分辨出假笑。他们不仅仅看眼睛，也看脸部的其他部位。
>
> ✳ 真诚的笑容能激励用户并建立信任。

第 8 章

人如何感知

人不仅思考，还会感知。除了了解目标人群的基本信息外，你还需要了解他们的心理状况。

72 七情六欲人皆有之

虽然情感在我们的日常生活中至关重要，但关于它的研究并没有你想象的那么多。研究情感的科学家们将情感与情绪和态度区分开来。

★ 情感具有生理关联，通过生理特性（如手势、面部表情等）展现出来。情感由具体的事件引起，并经常导致某种行为。

★ 情绪比情感持续得更久，可能是一两天。情绪可能不会通过生理特性展现出来，也不是源于某个具体的事件。

★ 态度通常由更具认知和意识的大脑行为构成。

★ Joseph LeDoux（2000）展示了当人们产生某些特定情感时大脑特定区域的活动情况。

大论战：面部表情普遍存在吗

Paul Ekman 写过两本书：2007 年出版的《情绪的解析》和 2009 年出版的《说谎：揭穿商业、政治与婚姻中的骗局》。他还是 FOX 电视剧《别对我撒谎》的咨询顾问。他明确指出有七种情感是人人都有的（如图 72-1 所示），并且相信无论何种文化或地域中的人都能识别这些情感。

并非所有人都赞同 Ekman 对情感普遍性的结论。Rachel Jack 在 2012 年的研究显示，基于地域和文化因素，人们对面部表情传达的情感可能会有不同的认识。在她的研究中，西方被试者识别出了 Ekman 提出的七大基本情感，但来自东方的被试者并没有同样识别出所有的情感。Jack 认为，一些情感表情似乎因文化而变得相似了。

快乐   悲伤   蔑视   恐惧

厌恶   惊讶   愤怒

图 72-1　Paul Ekman 提出的七种普遍情感

还有一些研究者（Sauter 和 Eisner，2013）不同意 Jack 的研究结论。

高情感唤醒与低情感唤醒中的文化差异

Nangyeon Lim 的研究（2016）得出了一个不同的结论：西方文化表达和识别的情感具有较高的情感唤醒水平，例子有恐惧、愤怒、惊慌、高兴、挫败、幸福和紧张；东方文化表达和识别的情感则具有较低的情感唤醒水平，例子有安逸、无聊、满足、痛苦、放松、满意和睡意。

因此，到目前为止，并没有关于基本情感普遍性的一致意见。

小 贴 士

✳ 如果你在为西方目标用户做设计，可以假定他们能识别Ekman提出的七大基本情感：快乐、悲伤、蔑视、恐惧、厌恶、惊讶和愤怒。还可以假定高情感表达能更好地吸引注意力。

✳ 如果你在为非西方目标用户做设计，可以使用具有较低情感唤醒水平的图像和表情。

✳ 找出能够感染目标用户的情感。除了用户的基本信息，还要明确和记录他们的心理情况，例如哪些情感最有感染力或最能激发目标用户的多种心理活动。

73 对集体的积极感受可以引发群体思维

假设你是一个设计团队中的一员，成员们在一起工作得和谐又愉快。团队的凝聚力很强，你在这样关系良好、生产力高的群体里感觉好极了。

一切都不错，是吗？也许并不是。Jennifer Lerner（2015）在一篇研究情感和决策的论文中探讨了"身处运作良好的团队或集体之中会怎样导致群体做出错误的决定"。

确实，人们喜欢成为拥有"共同现实感"的集体中的一员。然而其负面影响是，人们在运作良好的集体中会倾向于最小化冲突。他们不想做可能会破坏良好感觉与和谐的事，也不愿说这样的话。

这意味着有时候重要的问题得不到处理，艰难的决定会被放弃，或者做出的决定在长期看来并不好。这也许只是一个用于把集体牢牢凝聚在一起的决定。

小 贴 士

✳ 团队越有凝聚力，就越要小心"群体思维"。

✳ 把辩论和反对树立为集体的社会规范。用集体的力量创立允许（其实是鼓励）辩论和反对的社会规范。

✳ 将集体决策交由局外人评阅，也就是让集体之外的人评阅你们的集体决策。

74 故事比数据更有说服力

假设你必须向部门领导汇报最近跟客户的会谈。你访谈了 25 名客户，调查了另外 100 名客户，有许多重要的信息可分享。你的第一想法或许是以数字 / 统计方式归总一下数据，例如：

★ 我们访谈的客户中有 75%……
★ 针对调查给出反馈的客户中仅有 15%……

但是，这种基于数据的方法远没有故事有说服力。你可能想在演讲中介绍数据，但是如果能讲几个故事，你的演讲会更有吸引力。例如，"来自旧金山的 Mary 分享了一个故事，介绍她如何使用我们的产品……"，然后开始讲述 Mary 的故事。

故事比数据更有吸引力的一个原因是它的形式比较好。以故事形式提供的信息会被以不同的方式处理。大脑对故事做出反应的区域与对只有数据做出反应的区域不同。故事能够引发感知和情感，从而使人更好、更久地记住信息。

小 贴 士

✳ 如果信息能以故事的形式呈现，那么人们对它的处理将更为深刻，产生的记忆也更为持久。

✳ 想办法提供那些可以激发情感和引起共鸣的信息。

✳ 除了展示真实数据外，还可以讲述故事，或直接用故事代替数据。

75 无法感知就无法做决定

肉毒杆菌是一种用于消除面部皱纹的流行美容产品。将其注射入面部肌肉等不同的肌肉中，可以麻痹肌肉从而舒缓皱纹。人们已经知道它的一个副作用是导致人无法充分地表达情感，例如无法通过肌肉运动来表达是愤怒还是开心。新的研究表明，它的另一个副作用是使人无法**感知**情感。如果你不能运动肌肉来做出面部表情，就不能感知伴随着表情产生的情感。因此，如果你最近注射过肉毒杆菌毒素，然后去观看一部悲情片，你不会感到悲伤，因为你无法运动感知悲伤的脸部肌肉。肌肉运动和情感感知是相关联的。

巴纳德大学的 Joshua Davis（2010）团队通过实验证明了这一观点。他们给人们注射了肉毒杆菌或者玻尿酸。玻尿酸这种物质在注射后会填满松弛的皮肤，但是不会像肉毒杆菌一样限制肌肉运动。研究员们分别在注射前后给人们看情绪激昂的录像。注射后，肉毒杆菌这一组对录像的情感反应要少很多。

David Havas（2010）指导人们用哪些肌肉来控制微笑。当被试者收缩这些肌肉时，他们很难产生愤怒的感觉。当他指导被试者收缩用于皱眉的肌肉时，他们则很难感受到友好或者快乐。

没有情感 = 没有决定

Antoine Bechara（1999）研究了情感与决定之间的关系。在研究中，他发现如果大脑感知情感的部位受损，那么这个人也无法做决定。

当你观察一个正在感知某种情感的人时，你脑中活跃的区域与他相同。Nicola Canessa（2009）研究团队发现，功能磁共振成像扫描显示了这一效应。被试者观察他人执行赌博任务。赌博者在因押错宝而输钱时会感到后悔，在感受这种情感期间其大脑中的特定区域会变得活跃。当被试者观察他人赌博的过程时，其大脑中的相同区域也会变得活跃。

小 贴 士

✳ 你可能需要思考当用户使用你的产品时你所制造的情感。例如，如果某人眉头紧锁地阅读一个悲伤的故事，这可能会把他带入悲伤的情绪中，从而影响他接下来的行为。

✳ 观察那些不经意的、可能影响人们对你的产品的感受的面部表情。例如，如果网站的字体很小，人们就会眯着眼皱着眉阅读，这可能会令他们无法感到快乐或者友好，因而可能会影响他们接下来的行为。

✳ 如果你想让人们做出决定并采取行动（比如注册简讯或点击购买按钮），就需要展示能激发情感的信息、图像或视频。有了情感体验，他们就更有可能做决定。

76 人天生喜欢惊喜

在第 5 章中，我谈到旧脑的职责是扫描周围环境中任何可能产生危险的事物。这也意味着无意识的旧脑会四处寻找新鲜或者新颖的事物。

渴望未知

Gregory Berns（2001）的研究表明，大脑不仅探寻未知，而且实际上还渴望未知。

Berns 使用一个计算机控制的设备向被试者嘴中喷射水或者果汁，同时利用功能磁共振成像技术设备扫描他们的大脑。有时这些被试者可以预见什么时候会被喷射，但有时则不可预见。研究者以为人们的大脑会基于其喜好而活跃。 例如，如果一个被试者喜欢果汁，那么伏隔核（人们做喜欢的事时大脑中就会活跃的部分）就会活跃起来。

然而，事实并非如此。当喷射物不可预见时，伏隔核是最为活跃的。让大脑活跃的原因是惊喜，而非所偏好的液体。

> ### ➡ 快乐的惊喜与不愉悦的惊讶
>
> 惊讶是各不相同的。例如，你回到家打开灯，突然你的朋友们冒出来大喊"生日快乐"，这带给你的惊讶与在家发现小偷是完全不同的。
>
> Marina Belova（2007）和她的团队研究了大脑是否在不同的位置处理这两种不同的惊讶。
>
> 他们研究了猴子的杏仁核（大脑中负责处理情感的区域），记录了杏仁核中神经元的电流活动。他们分别将一瓶猴子喜欢的水和一股猴子并不喜欢的气体喷向猴子的面部。
>
> 他们发现，有的神经元对水发生了反应，有的对气体发生了反应，还有一种则对两者都没有反应。

小　贴　士

✳ 如果想抓住人们的注意力，就设计一些新鲜、新颖的事物。

✳ 提供一些出乎意料的事物不但能吸引注意力，而且会带来愉悦感。

✳ 在人们尝试完成一项任务时，一般应保持网页的一致性，但是如果希望人们尝试新事物或者希望他们回来看看有什么新鲜内容，那么提供一些新颖的、出乎意料的内容和互动也不错。

77 人在忙碌时更加愉悦

想象一下这个场景：你刚下飞机，需要步行前去领取行李。步行过去需要 12 分钟。走到行李处时，你的行李刚刚到传送带。这种情况下你会不会不耐烦？

再想象一下：你刚下飞机，步行前往行李处花了 2 分钟，然后站着等了大约 10 分钟才看到行李。这种情况下你会有多么不耐烦？

以上两种情况你都花费了 12 分钟取到行李，但是在第二种站着干等的情况下，你会更加不耐烦，更加不悦。

人需要理由

Christopher Hsee（2010）及其同事们的研究表明，忙碌时人们更加愉悦。这看似是个悖论。在第 6 章中，我说过人是懒惰的。除非有行动的理由，否则人们通常会选择什么都不做，以积蓄体力。然而，无所事事会令人更加不耐烦和不悦。

Hsee 团队给了作为学生的被试者两个选择：要么把一份完整的调查问卷送到一处往返需要 15 分钟的地方，要么把问卷送到屋外然后等待 15 分钟。一些被试者不管选择了哪种方式都会得到同样的小吃，而其他的被试者会因为不同的选择得到不同的小吃。（Hsee 预先设定两种小吃的好吃程度是一样的。）

如果两地提供同样的小吃，那么绝大多数被试者（68%）会选择将调查问卷送到屋外（偷懒的选择）。学生的第一反应是少做事，但是如果给他们一个去更远地方的理由，绝大多数人会选择"忙碌"。实验后，选择前往远处的学生比那些懒惰的学生感到更加快乐。在第二个版本的测试中，被试者被安排为"忙碌"或"空闲"（换言之，他们没得选）。结果再一次显示，"忙碌"组的快乐指数要高。

在新一轮的测试中，Hsee 要求学生们研究一条手链并给出两种选择：一是什么都不做，等待 15 分钟（他们以为在等待下一阶段的测试）；二是在等待的这 15 分钟内把手链拆开重组，其中有些人被要求将手链恢复原样，有些被要求变换手链的样式。

那些需要把手链恢复原样的人更愿意闲坐着，而可以重新设计手链的人更喜欢研究手链而不是闲坐。就像前面的实验结果一样，花费 15 分钟重新设计手链的人比那些闲坐着的人感觉更加快乐。

小 贴 士

＊ 人们不喜欢闲着。

＊ 人们喜欢做事而不是闲着，但是做的事必须是有意义的。如果人们认为要做的事纯属瞎忙，那么他们宁愿闲着。

＊ 忙碌时人们更愉悦。

走进宾馆、民居、办公楼、博物馆、画廊或者其他在墙上挂有画作或照片的地方，你都可能看到类似于图 78-1 的图片。

图 78-1　田园风光是我们进化的一部分

Denis Dutton 是一位哲学家，也是 *The Art Instinct: Beauty, Pleasure, and Human Evolution* 一书的作者。根据他的理论，我们之所以经常看到这些类型的图片，是因为在更新世[①]的进化中人们被这种景象所吸引（请参见 Dutton 在 TED 所做的演讲 "A Darwinian Theory of Beauty"）。Dutton 指出，代表性的景观主要是山脉、河流、树木（当食肉动物靠近时便于藏匿）、鸟兽和蜿蜒的小径。这是对人类来说最理想的景观，包含了防御、水和食物。Dutton 的美学观点是，经过进化，人类在生活中产生了对特定形式的美的需要，这就促进了美的事物的产生，比如这些

[①] 地质年代名称，也称洪积世，指第四纪的第一个世，距今约 260 万年至 1 万年。

——编者注

有利于人类生存的景象。他指出，所有文化中的人们都珍视包含这些景象的艺术作品，即使人们从未在这种地理景观之中生活过。

田园景象可以修复注意力

Mark Berman（2008）和一组研究员先让被试者进行了**倒背数字测试**，来测试他们的注意力集中能力。接下来，让被试者完成一项耗尽其主动注意力的任务。然后，让一些人步行穿过密歇根州安娜堡市中心，另一些人步行穿过城市植物园。植物园内树木茂盛、绿草遍地，是典型的田园景象。步行之后，被试者再次做了倒背数字测试。那些步行穿过植物园的人得分更高。研究员 Stephen Kaplan 称之为"注意力恢复疗法"。

Roger Ulrich（1984）发现，相比那些病房窗外是墙壁的病人，医院里那些可透过病房窗户欣赏自然景色的病人恢复得更快，所需要的止痛药也更少。

Peter Kahn（2009）团队测试了办公场所的自然景色。第一组被试者的办公位置紧挨玻璃窗，可以看到外面的景色；第二组能看到同样的景色，但并不是透过玻璃窗，而是观看了一段有关户外景色的视频；第三组的座位紧挨着一堵墙。研究者通过测量被试者的心跳来监测他们的压力水平。

观看自然景观视频的被试者表示感觉良好，但是他们的心跳频率实际上和那些靠墙的人没有区别。靠窗坐的人的心跳频率更为健康，也更易从压力中恢复。

小 贴 士

* 人们喜欢田园景色。如果你想在网页中应用自然景色，那就选一些含有田园元素的吧。

* 人们在线浏览田园景象时会被深深吸引、陶醉其中并更加愉悦，但是并不会产生看到窗外的现实景色或者穿过那些田园环境时那样积极健康的效果。

79 观感是信任的首要指标

很少有人研究信任与网站设计之间的关系。虽然不乏观点，但是真实数据并不多。Elizabeth Sillence（2004）团队获得了一些真实可信的数据，至少是针对健康类网站的。

Sillence 研究了人们如何判断该信任哪些健康类网站以及它们是否值得信任。被试者都是高血压患者（在之前的研究中，Sillence 的研究对象都是绝经期的妇女，也得出了相似的结论）。在这次实验中，被试者通过网站来查找关于高血压的信息。

被试者因为缺乏信任而拒绝访问一个健康网站时，83% 的理由与设计元素相关，诸如对导航、颜色、字号或者网站的名字等令人不悦的第一印象。

被试者提到了一些影响他们判定一个网站是否可信的因素，其中74% 与网站的内容相关，而不是设计元素。他们更喜欢两种网站：一是由著名的权威机构建立的网站；二是有医学专家提供专门建议的网站，他们感觉这些建议是为他们而准备的。

➡ 信任是快乐的最重要指标

想知道谁是最快乐的人？这要看看谁是获得最多信任的人。Eric Weiner 曾环游世界，调查哪些国家的人最快乐及其快乐的原因。他在2009 年出版的 *The Geography of Bliss* 一书中，记录了一些自己的发现。

★ 外向的人比内向的人更加快乐。

★ 乐观的人比悲观的人更加快乐。

- ★ 已婚者比单身人士更加快乐，但是是否有孩子对于快乐程度没有影响。

- ★ 共和党人比民主党人更加快乐。

- ★ 去教堂做礼拜的人更加快乐。

- ★ 拥有大学学位的人更加快乐，但是学历越高快乐越少。

- ★ 性生活健康的人更加快乐。

- ★ 女人和男人一样快乐，但是女人的情感更加丰富。

- ★ 有外遇令人快乐，当然如果被伴侣发现并弃你而去就另当别论了。

- ★ 在上班的路上是最不快乐的。

- ★ 忙碌的人比无所事事的人更加快乐。

- ★ 富裕的人比穷人更加快乐，但仅仅是更快乐一点点而已。

- ★ 冰岛和丹麦的人最快乐。

- ★ 70%的快乐与人际关系有关。

有趣的是，在所有的快乐指标中，最重要的是人们是否拥有信任，例如对国家和政府的信任。

小 贴 士

* 人们会快速判断什么不值得信任。

* 要想通过最初的"信任抵触"（trust rejection）阶段，色彩、字体、布局和导航等设计元素至关重要。

* 如果一个网站通过了最初的信任抵触阶段，那么网站的内容和可信性便成了用户是否信任它的决定性因素。

80 听音乐会释放大脑中的多巴胺

你是否曾因听到一段音乐而感到强烈的快感甚至发冷？Valorie Salimpoor（2011）及其团队的研究显示，听音乐可以释放神经递质多巴胺。即使只是期盼听到音乐也会释放多巴胺。

研究者通过正电子断层扫描、功能磁共振成像和心理生理评定（如心率）来测量人们听音乐时的反应。被试者列出能给他们带来愉悦的快感甚至令其发冷的音乐，包括古典、民俗、爵士、电子、摇滚、流行和探戈等。

愉悦与预期的愉悦

Samlipoor 团队发现，人们听音乐时脑部和身体的活动模式与因得到奖励而感到兴奋时是相同的。这种愉悦的感受会让大脑中的纹状体多巴胺系统分泌多巴胺。当人们期盼令人愉悦的音乐片段时，大脑中的伏隔核会分泌多巴胺。

小 贴 士

✳ 音乐可以带来强烈的愉悦感。

✳ 人们都有最爱听的音乐，它们会带来强烈的愉悦感。

✳ 音乐的作用因人而异。一段给某个人带来愉悦感的音乐对其他人来说可能是平淡无奇的。

✳ 期待音乐中能带来愉悦感的片段时与真正听到音乐时激发的大脑部位和神经递质不同。

✳ 允许人们将自己的音乐添加到他们使用的网站、产品、设计或者活动中，是一种令用户积极参与并可能想再次参与的有效途径。

✳ 在网站中纳入带音乐的视频也能提高用户参与度。这不仅是因为视频能吸引注意力，音乐也是关键。

---

81 事情越难实现，人们就越喜欢

你应该听说过大学联谊会的入会条件很苛刻。这是因为，相对于那些可以轻易加入的团体，入会条件苛刻的团体会让成员们更加喜欢。

1959 年，斯坦福大学的 Elliot Aronson 最先开始了关于"入会条件效应"的研究。Aronson 设定了三种入会难度（困难、适中和简单，其中困难其实并非想象的那么难），并且针对被试者随机指定难度。他确实发现入会条件越苛刻，人们越喜欢这个团体。

认知失调理论

社会心理学家 Leon Festinger（1956）提出了**认知失调理论**。Aronson 利用这一理论来解释人们为什么喜欢那些入会条件苛刻的团体。人们好不容易才成为了团体的一员，却发现团体并不是想象中那么令人兴奋或有趣，这导致他们的思维过程中发生了冲突（失调）：如果这个团体这么无聊且无趣，为什么我当初要历尽"千辛万苦"加入呢？为了缓解这种失调，你告诉自己这个团体真的很重要且很值得加入。这样一来，你就不后悔经历这些痛苦了。

稀缺性和排他性

除了认知失调理论可以解释这个现象以外，我认为稀缺性也起了作用。如果这个团体很难加入，那就意味着很多人无法加入。如果无法加入，那我就输了。因此，如果我在加入一个团体的过程中费了很大的劲，那么它一定是不错的团体。

小 贴 士

✳ 我并不是建议大家增加网站、产品或软件的复杂度，来令人们感到痛苦从而喜爱产品，尽管这可能是有效的。

✳ 如果你希望人们加入你的线上社区，你可能会发现，如果需要很多步骤才能加入的话，人们会更加频繁地使用并更加重视这个社区。填写一份申请、满足特定条件、需要他人邀请——所有这些都可以成为加入社区的障碍，但是这也可能意味着加入的人们会更加重视这个社区。

82　人会高估对未来事件的反应

现在来做个思维实验。写一下你当前的幸福指数（1 到 10），1 代表最低，10 代表最高。然后想象一下，你今天买彩票中了几百万美元，现在拥有的金钱是你做梦都想不到的。你觉得今天结束时你的幸福指数会是怎样的？写下那个数字。两年以后你的幸福指数又会是怎样的？

人是糟糕的预言家

Daniel Gilbert 在他 2007 年出版的《撞上快乐》一书中讨论了他和其他人进行的一项研究：让人们预测或估计自己对事件的情感反应。他发现，人们大大高估了自己对日常生活中那些快乐与不快乐事件的反应。不管是预测对失业、发生意外或亲人过世等消极事件的反应，还是对发财、找到理想工作或找到最佳伴侣等积极事件的反应，每个人都会高估自己。如果是消极事件，他们预计自己很长一段时间内都会非常失落和憔悴；如果是积极事件，他们预计自己会兴奋很长一段时间。

内部调节

其实，人们拥有内部调节机制。无论是发生了消极的还是积极的事件，绝大多数时间里人们的幸福感保持在同一个水平。一些人的快乐往往比其他人要多一点或者少一点，不管发生了什么，他们的幸福感都会保持不变。这意味着人们对未来幸福感的预测不是十分准确的。

小 贴 士

✳ 当顾客或用户告诉你，对某一产品或设计做出某种改变可以令他们更高兴或导致他们再也不去使用时，不要轻易地相信。他们很可能高估了自己的反应。

✳ 人们可能会更喜欢一件事物，或者以为自己会这样，但不管他们的反应是积极的还是消极的，可能都不会像他们想象的那样强烈。

83 人在事前和事后的感觉更好

假设你和妹妹正在计划几个月后去开曼群岛旅行。现在你们每周至少通一次电话，讨论要去潜水，谈论你们住处附近的餐厅。这次旅行你期待了很久。

你会发现，与真实的旅行相比，预想中的旅行要更美好。事实上，Terence Mitchell（1997）和他的团队所研究的正是这种状况。他们研究了去欧洲旅游的人、感恩节周末短途旅行的人以及骑自行车在加利福尼亚旅游 3 个星期的人。

旅程开始前，大家对将至的旅程都是满心期待的。然而在旅途之中，他们对旅程的评价却没有那么高。当旅途中出现小小的失望时，他们对旅行的整体满意程度会再次降低。有意思的是，旅程结束几天之后，关于旅程的回忆又会再次变得美好。

> **如何拥有美好的假期和回忆**
>
> 既然谈到假期这个话题，这里就再为大家提供一些有趣的信息。各种各样的研究得出了这些结论，可以帮助你在假期中收获最多的快乐。
>
> ★ 几个短假能比一个长假带来更多的快乐。
>
> ★ 假期的最后几天对回忆的影响要比假期伊始和假期之中更大。
>
> ★ 带来强烈感受的顶峰体验会使你对旅程的记忆更加美好，即使这种强烈的感受并不美好。
>
> ★ 中断旅行会令你更加享受未被干扰的时间。

✳ 如果你正在设计一个让人们计划未来（如赢彩票、去旅行、组织商务会面、建造房子等）的界面，那么你让用户规划的时间越长，他们对使用体验就会越满意。

✳ 如果你要调查用户对产品或者网站的满意度，请记住，比起在用户使用时进行调查，在他们使用几天后再调查会得到更积极的评价。

✳ 比起几天或几周后再问用户的意见，在互动中或互动结束后立刻询问能得到更准确、更实事求是的数据。

84 人在悲伤或恐惧时会想念熟悉的事物

星期五的下午，老板把你叫到办公室，说他对你最近的项目报告感到不满。你曾多次告诉他这个项目比较棘手，请他多安排几个人手。他无视你的请求，现在却告诉你这个项目将对你产生极度不良的影响，你甚至有可能因此丢掉工作。在回家的路上，你站在百货商店门口，悲伤又害怕。你还会买你常买的麦片吗？会尝试买些新东西吗？

人想要熟悉的事物

根据内梅亨大学 Marieke De Vries（2010）的研究，荷兰人喜欢购买熟悉的品牌。研究表明，人在悲伤或恐惧时，想要自己熟悉的事物；当心情愉悦时，才愿意尝试新鲜的事物，对于熟悉的事物并不怎么敏感。

想要熟悉的事物是因为害怕失去

对熟悉事物的需求和对熟悉品牌的偏爱可能都是因为害怕失去。在《网页设计心理学》一书中我谈到了人们对于失去的恐惧。当人悲伤或恐惧时，旧脑和中脑（情绪脑）就会处于警惕状态。他们需要自我保护，而获得安全感最简单的方法就是找到熟悉的事物。强势品牌和 logo 是人们熟悉的，所以在悲伤或恐惧时，人们会选择自己熟悉的品牌和 logo。

人的情绪很容易改变

　　事实表明，影响人的情绪易如反掌，尤其是在短时间内（例如一次网购的时间）。在 Marieke De Vries 的研究中，被试者分别观看了能带来好心情的《芝麻街》布偶的视频片段和让人心情沉重的电影《辛德勒的名单》的视频片段。他们说在观看了布偶剧后情绪会极度高涨，而观看了《辛德勒的名单》后情绪则十分低落。这种情绪随后影响了他们在接下来的实验中的表现。

小 贴 士

* 品牌营销是捷径。如果人们对一个品牌有着良好的印象，那么这个品牌对于旧脑来说就是一种安全信号。

* 品牌效应在网络营销中同样重要，甚至更加重要。当看不到、摸不着实际产品时，品牌便起了替代作用。这意味着当人们进行在线购物时，品牌拥有极大的影响力。

* 如果你的品牌已经建立，有关恐惧或失去的信息可能会更有说服力。

* 如果你的品牌是全新的，有关趣味和幸福的信息可能会更有说服力。

第 9 章

人会犯错

人皆有错，难能宽恕。

——亚历山大·蒲柏

人都会犯错。创建一个防止人们犯错的系统是不可能的。本章将介绍与人犯错有关的知识。

85 人总会犯错，没有完全的容错产品

我有个习惯，就是爱收集计算机出错提示信息。有些错误信息可以追溯到基于字符的老式计算机年代。出错信息大多不会故意制造幽默，纯粹是程序员为了解释发生了什么错误而写的。不过也有不少错误信息很有趣，而且有一些还故意搞笑。我最喜欢的一条错误提示信息来自得克萨斯州的一家公司。当产生"致命"错误，即系统即将崩溃时，会出现这样一条信息："快关机，Henry，计算机要喷泥浆了！"

应假设总会出错

事实是总有一些原因会导致出错，不是用户在操作计算机时出现了错误，就是公司发布的软件存在很多问题，要不就是设计师不懂用户需求而开发出无法使用的软件……每个人都会犯错误。

很难创建一个不存在任何错误并保证人们不会犯错的系统。事实上这是不可能的。不信就问一下三里岛、切尔诺贝利或者英国石油公司的人。错误的代价越大，越要避免它发生；越是要避免错误，越要花费很高的成本去设计。如果在设计中（例如设计核电厂、石油钻塔或者医疗器械）杜绝错误至关重要，就要事先准备好，要比往常多测试 2~3 次，而且要多花费 2~3 倍的时间去培训。设计一个容错系统的成本很高，而且你永远不会真正成功。

最好的错误提示就是没有提示

也许错误提示是一台设备或软件系统中花费时间和精力最少的部分，也许这样做很合理。毕竟，**最好的错误提示就是没有提示**，这意味着这套系统的设计可以避免人们犯错。但是当出现错误时，重要的是人

们知道如何去修正它。

怎样写错误提示

假设错误发生了，你需要通知用户使用你的修正方案，要确保错误提示内容包含以下几点：

★ 告诉用户他们做了什么；

★ 解释出现了什么问题；

★ 指导用户如何去修正；

★ 信息要简单直白，使用主动语态而不是被动语态；

★ 举例。

下面的例子就是一个糟糕的错误提示：

#402 支付发票的前提是发票的支付日期要晚于发票的开具日期。

应该换一种说法："您所输入的发票支付日期早于发票开具日期。请核对日期重新输入，确保支付日期晚于开具日期。"

小 贴 士

* 预先想好可能发生什么样的错误。尽量想清楚人们在使用你设计的产品时可能会犯哪些类型的错误，然后在发布产品前改良设计，确保不会发生这些错误。

* 制作设计原型，让人们使用，从而观察可能会发生哪些错误。确保试用产品的人就是产品未来的使用者。例如，如果为医院的护士设计产品，就不要找身边的设计师来测试错误，而要找医院的护士。

* 用简单平实的语言写错误提示，并确保告诉用户他们做了什么、为什么会出现错误，以及应该如何修正。如果恰当的话，可以举一个例子。

86 人在压力下会犯错

有一次我出差去芝加哥，和 19 岁的女儿住在郊外的一家旅店里，她因为生病一直在痛苦地呻吟。她病了一周，每天都会出现新的症状，但是那天早晨病情突然恶化了，她感觉自己的耳膜好像要炸开一样。我是不是应该取消和客户的会议，把她送去急诊？因为我们在旅行，不在保险赔付范围内，所以我首先给保险公司打电话，看能否找到符合保险条件的医生。保险公司的客户服务代表告诉我登录指定的网站，并且说我们无论选择网站上的哪位医生都会在保险范围内。

在压力下使用网站

女儿在旁边痛苦地呻吟着，我输入了客服代表所说的网址。网站首页的第一个字段就把我搞懵了。网站中的表格让我选择保险类型。因为不确定，我选择了默认的"初级"，继续填写第二个字段。我的女儿此时呻吟得更厉害了。

我填好表单后点击"搜索"按钮，网页跳回并提示我出错了。于是我再次填写表单并点击"搜索"按钮，又被告知出错了。

我反复试了好多次，结果到时间去参加会议了。我该怎么办？压力越大，越难完成表单的填写。最后我放弃了。我给女儿吃了镇痛药，在她耳朵上盖了一块温热的毛巾，然后打开电视，把遥控器交给她，之后去见客户了。那天当一切都忙完、头脑清醒以后，我把女儿送到了诊所看医生。

几天后我回到了家（女儿也好多了），于是又一次打开了网页。过了几天再看这个网站，我发现它存在一些设计和可用性问题，但是总体来说并不是那么令人困惑。然而那天当我处在压力之下时，这些网页令我心生畏惧，无法顺利使用，而且一点也不直观。

耶克斯－多德森定律

压力研究显示，少许压力（在心理学领域被称为**唤醒**）可以帮助人们完成任务，因为它可以使人集中注意力，然而过多的压力会令人表现糟糕。1908 年，心理学家 Robert Yerkes 和 John Dodson 首先提出了这种唤醒与任务完成效率的关系，因此一个多世纪以来该定律叫作耶克斯－多德森定律（Yerkes-Dodson law，如图 86-1 所示）。

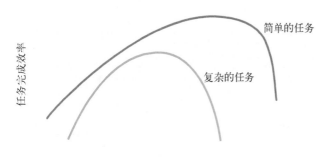

图 86-1　耶克斯－多德森定律

唤醒会提升任务完成效率

耶克斯－多德森定律称，任务完成效率会随着心理或精神的唤醒水平而提升，但只会提升到一定程度。当唤醒水平过高时，任务完成效率就会降低。研究表明，最佳的唤醒程度（压力大小）跟任务的难度有关。困难的任务只需要较低的唤醒水平就能达到最高任务完成效率，而且当唤醒水平过高时任务完成效率会下降。简单的任务就需要较高的唤醒水平，而且这种唤醒的效果不会很快消失。

隧道效应

第一次提升唤醒水平时，会因为人们注意力集中而产生积极效应。但是随着唤醒水平不断提高，会开始出现消极效应，如注意力不集中、记忆困难、解决问题的能力下降以及"隧道效应"（tunnel action）出现。隧道效应是指人们反复不停地做同一件事，即使并不奏效。

➡️ **耶克斯 – 多德森定律的存在依据**

Sonia Lupien（2007）及其团队研究了糖皮质激素与记忆效果的关系，糖皮质激素是一种与压力相关的激素。研究员记录血流中糖皮质激素的数量，发现其上升下降的 U 形曲线与耶克斯 – 多德森定律的曲线相同。

任务带来的压力比想象中更大

不要假设人们会在毫无压力的环境中使用你的产品。在设计师看来毫无使用难度的产品，可能会给实际用户带来很大的困扰。比如在孩子生日宴会的前夜紧急组装玩具，就是一件很有压力的事情。当你在和顾客通话或者顾客就在你面前时，填写屏幕上的表格也是一件有压力的事情。绝大多数的医疗状况是很有压力的。我有一位客户，他负责让人们填写表格，来确认申请者的医疗程序是否在保险范围内。这位客户说："这不过是一张表格。"但是我们采访了正在屏幕上填表的人，他们表示十分担心自己会填错表格。一个人问道："如果我填错了，结果有人没有得到理赔该怎么办？"他们有强烈的责任感。这就是一种有压力的情况。

⭐ **面对压力，男女反应不尽相同**

Lindsay St. Claire（2010）及其团队研究发现，如果男人在完成一项很有压力的任务时喝咖啡，就会降低工作效率。相反，女人如果喝了咖啡，将会更快地完成任务。

Yvonne Ulrich-Lai（2010）及其团队给老鼠喂食甜饮，来检测它们面对压力时生理和行为上的反应。甜饮抑制了杏仁核，减少了应激激素的分泌和心血管反应。性行为具有同样的作用。

目标提高时会出错

2010 年的夏天，纽约扬基队的 Alex Rodriguez 开始向职业生涯的第 600 次本垒打进军。他在 7 月 22 日完成了第 599 次击打，然而接下来却花费了将近两周才完成第 600 次。花费这么长的时间去突破，对他来说并不是第一次。2007 年，当他完成从 499 次到 500 次的突破时出现了同样的问题。

这是一个目标提高便出现问题的例子，当熟练掌握某项技能或行为时经常会出现该问题。你熟练掌握一项技能时，会在无意识中完成任务。当目标提高时，你便会过多地分析问题。想得太多、钻牛角尖适合于初学者，但是行家里手也这么做就会出问题。

小 贴 士

※ 如果人们在做一项无聊的工作，那么你需要通过声音、色彩或运动来提升唤醒水平。

※ 如果人们在做复杂困难的工作，那么你需要通过消除色彩、声音或运动等干扰因素来降低唤醒水平，除非这些因素与他们正在做的工作相关联。

※ 如果人们处在压力之下，他们不会注意到屏幕上的东西，而会倾向于一遍遍做同样的事情，即使并不奏效。

※ 好好研究一下哪些情况下可能存在压力。观察并采访产品的使用者，判定压力等级，如果压力存在便重新设计。

※ 对于某个领域的专家，高要求所产生的压力可能会带来问题。

87 犯错不一定是坏事

Dimitri van der Linden（2001）及其团队针对人们如何学习使用计算机等电子设备进行了一项研究。Van der Linden 认为误操作会产生某些结果，但是与大众观点不同的是，他认为并不是所有的结果都是消极的。尽管犯错误很可能带来消极的结果，但是也可能带来积极的或者中性的结果。

带来积极结果的错误是指，某些行为虽然没有带来你想要的结果，但是它所提供的信息可以帮助你实现全局性目标。

带来消极结果的错误是指，某些行为会导致你走向死胡同，毁掉积极的结果，把你打回原点或者产生无可挽回的后果。

带来中性结果的错误是指，某些行为对于任务的完成没有任何影响。

例如，你设计了一款新的平板设备。你将早期的产品原型给人们试用，看看它的可用性如何。他们移动屏幕上的滑块，以为这是控制音量的，结果屏幕却变亮了。他们选择的是亮度控制，而不是音量滑动条。这个操作是错误的，但是现在他们知道了如何调亮屏幕。如果观看视频同样需要学习这一功能（假设他们最终也发现了音量滑块），那么我们可以认为这个错误带来了积极的结果。

现在假如他们想将文件从一个文件夹移到另一个，但是误解了按钮的含义，结果删除了文件。这就是带来消极结果的错误。

最后，他们选择了一个禁用的菜单选项。他们的操作错了，但是没有产生任何影响，这就是一种中性结果。

✳ 尽管你不希望人们在使用产品时出现很多错误，但错误仍然会出现。

✳ 既然你知道将会出现错误，那么就在用户测试的时候发现并记录这些错误。记录下每一个错误带来的结果是积极的、消极的还是中性的。

✳ 在用户测试之后（甚至之前），要重新设计，以减少或避免带来消极结果的错误。

88 人常犯可预见的错误

正如 van der Linden 的研究中详细阐述的那样，除了思考错误可能产生的结果，还存在着另一种有效的错误分类方法。Morrell（2000）将错误分为两类：实施型错误（performance error）和设备控制型错误（motor-control error）。

实施型错误

实施型错误是指在逐步完成一项任务时所犯的错误。Morrell 进一步把实施型错误分为执行错误（commission error）、遗漏错误（omission error）和误操作错误（wrong-action error）。

执行错误

比如说你试图完成一项任务，例如打开平板计算机上的 Wi-Fi。你需要做的就是触摸屏幕上的开关控制按钮，但是你以为还需要点击下拉菜单并选择网络。这就是一个执行错误，你执行了不必要的额外步骤。

遗漏错误

比如说你在新平板计算机上设置邮箱。你输入了邮箱地址和密码，但没有意识到还需要进行收件和发件设置，因而只进行了发件设置。这种情况下你遗漏了一些步骤，这就是遗漏错误。

误操作错误

继续以邮箱设置为例。你输入邮箱和地址，但是输错了发送邮件服务器名称。这就是误操作错误。你的操作步骤正确，但操作内容是错误的。

设备控制型错误

设备控制型错误是指在控制设备的过程中所犯的错误。比如说你试图在平板计算机上用手指旋转图片，却切换到了下一张图片。这时你就犯了设备控制型错误。

在设计或用户测试阶段，你可能想要记录不同的错误。关键是，你要提前判定人们可能犯哪些类型的错误，哪些错误对于你来说更加需要检测和修正。

> ### 人为错误的瑞士奶酪模型
>
> James Reason 在他 1990 年出版的 *Human Error* 一书中写道，错误会产生连带效应。如图 88-1 所示，组织架构中出现了一个错误，随后导致了监管错误，之后又导致了更多的错误。系统中每一个错误都会产生一个漏洞，到最后该系统就会像瑞士奶酪那样有很多的孔洞，最终导致人为灾难。Reason 使用了核电站灾难作为例子。

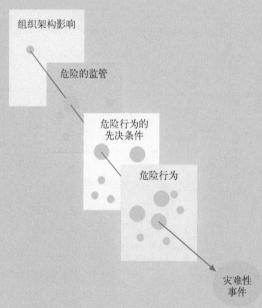

图 88-1　James Reason 关于人为错误的瑞士奶酪模型

人为因素分析与分类系统（HFACS）

2000 年，Scott Shappell 和 Douglas Wiegmann 为美国联邦航空管理局航空医学办公室发表了一篇关于 HFACS 的论文。他们通过研究 Reason 的瑞士奶酪模型，进一步提出了分析和分类人为错误的系统。他们研究的重点是如何避免航空领域的错误，如飞行员操作失误和控制塔指令错误。图 88-2 展示了 HFACS 可以分类和分析的错误类型。

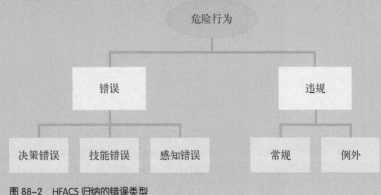

图 88-2　HFACS 归纳的错误类型

小　贴　士

✳ 在学习及使用产品的过程中，人们会犯各种类型的错误。在进行用户测试或者用户观察前，先判定你最关注的可能出现的错误。

✳ 在用户测试和观察阶段，收集人们犯错类型的数据。这有利于测试后进行重新设计。

✳ 如果在你所在的领域，错误不仅恼人、降低效率，而且可能会造成事故或生命损失，那么你就应该使用像HFACS一样的系统来分析并避免错误。

89　人使用不同的纠错方法

除了对人们所犯的错误进行分类，你还可以思考人们纠正错误的方法有哪些。Neung Eun Kang 和 Wan Chul Yoon（2008）进行了一项研究，观察年轻人和中年人在学习使用新技术时都会犯的错误，并记录了他们采用的不同的纠错方法。

系统性探索

系统性探索意味着人们已经计划好要怎样修正错误。例如，他们试图弄清楚如何在平板计算机上循环播放一首歌曲。他们尝试了一个菜单但是并没有奏效，于是开始逐个使用菜单系统中的每一项来弄清它们的作用。他们从第一个菜单中的第一项开始，尝试计算机上与播放音乐相关的所有控制项。这就是在进行系统性探索。

反复试验性探索

与系统性探索不同，反复试验性探索意味着人们随机地尝试不同命令、菜单、图标和控件。

循规蹈矩性探索

循规蹈矩性探索是指一遍遍地重复同样的动作，即使这并不能解决问题。例如，某人希望循环播放计算机上的歌曲，于是点击了屏幕上自认为执行循环命令的图标，但是并没有成功。然后，他再次选择了这首歌曲，再次按下图标，就这样不断重复着这一连串动作，即便这并不奏效。

中年人与年轻人完成任务的方法不同

Kang 和 Yoon（2008）发现不同年龄的人在任务的完成率上并没有区别，但是四五十岁的中年人与二十多岁的年轻人使用的方法不同。

★ 中年人用较多的步骤去完成任务，这主要是因为与年轻人相比，他们在操作时会犯更多的错误，而且更喜欢循规蹈矩。

★ 中年人经常无法从自己的行为中获取有意义的提示，因此完成任务较慢。

★ 中年人会犯更多的设备控制型错误。

★ 中年人不像年轻人那样频繁使用过往的经验。

★ 中年人更加不确定自己的行为是否正确。他们的时间压力更大，满意度更低。

★ 与年轻人相比，中年人进行反复试验的次数更多，但是数据分析表明这与年龄没有太大关系，主要是因为中年人缺乏该类型设备的知识和使用经验。

小 贴 士

✳ 人们利用各种方法来修正错误。在用户测试和用户观察中，记录目标人群所用的方法。这些数据对于预见未来错误和再设计都是有帮助的。

✳ 不要以为中老年人就不能完成任务。他们可能方法不同，可能花费更多的时间，但是他们可以和年轻人完成同样多的任务。

✳ 除了思考年轻人与中老年人的差异，也要思考新手与专家的不同。并不是所有的中老年人都相同。不要因为一个人60多岁就认为他缺乏计算机常识。60岁的人也可能长时间使用计算机并且具有很多计算机知识，20岁的人也可能对某个产品、设备或者软件知之甚少。

第 10 章

人如何决策

　　人们做决定的方式并非我们想象中那么直截了当。本章将探讨人是如何做决定的。

90 多数决定是在潜意识中做出的

你打算买一台电视机，于是先研究了一下要买什么样的，然后才去网上购买。这个做决定的过程包含了哪些因素？这个过程可能并非你想的那样。在《网页设计心理学》一书中，我说过，人们总是认为自己在做决定前已经深思熟虑并且仔细权衡了所有相关因素。在买电视这个例子中，你考虑了最适合房间的电视尺寸、最可靠的品牌、最有竞争力的价格，以及当前是否是最佳购买时机等因素。你是有意识地考虑所有这些因素的，但是关于做决定这一行为的研究表明，你的决定实际是在潜意识中做出的。

在潜意识中做决定涉及如下因素。

★ 其他人决定买什么："我发现这台电视机在网站上的评分和评价都很高。"

★ 什么与你的个性相匹配："我是那种爱追新潮事物和最新科技产品的人。"

★ 这次购买能否让你履行一些义务或偿还一些人情："一年来我哥哥一直请我去他家看比赛，我想我应该请他一次了，所以我最好买一台至少和他的一样好的电视机。"

★ 对失去的恐惧："这台电视机在打折，如果我现在不买可能价格就会上涨，那么可能很长一段时间内我都买不起了。"

★ 个人的欲望、动机和恐惧。

潜意识不等于不合理或者糟糕

我们的大多数心理活动是在潜意识中进行的，大多数决定也是在潜意识中做出的，但这不意味着它们是错误的、不理智的或者糟糕的。我们每天都要面对海量数据，每秒都有上百万条信息涌入我们的大脑，而我们的意识不可能将其全部处理。于是潜意识便帮助我们处理大部分数据，并根据那些大多数时候都能给我们带来最大利益的准则和经验法则来帮我们做决定。"相信你的直觉"就是这么来的，而且绝大多数时候都是奏效的。

小 贴 士

✳ 要设计一个说服人们采取特定行动的产品或者网站，你需要了解目标人群潜意识中的动机。

✳ 当人们告诉你他们采取特定行动的原因时，你应该持怀疑态度。因为决定是在潜意识中做出的，他们也许并不知道自己做出决定的真正原因。

✳ 人们虽然基于某些潜意识因素做决定，但是也想为决定找一个合理的原因。所以你仍然需要为用户提供一些合理的原因，即使它们并不是令其做出决定的真正原因。

91 潜意识最先感知

我最喜欢的一个关于潜意识心理过程的研究是 Antoine Bechara（1997）及其团队进行的。实验过程中，他们让被试者玩一种纸牌赌博游戏，给每个人 2000 美元的虚拟资金，并告知他们目标是尽量少输钱多赢钱。桌上有四叠纸牌，每个被试者任选一叠，然后任选一张翻面，一次一张，就这样不停地从该叠中选牌翻面，直到测试者告诉他们停下。被试者不知道游戏什么时候结束，但知道每翻一次纸牌都会赢钱，也知道有时候不仅会赢钱也会"输"钱（付给测试者）。被试者不知道任何有关赌博游戏的规则。下面是实际的规则。

★ 如果翻了任意一张 A 叠或者 B 叠的纸牌，就赢得 100 美元。如果翻了任意一张 C 叠或者 D 叠的纸牌，就赢得 50 美元。

★ A 叠或者 B 叠中的一些纸牌也需要被试者付给测试者很多钱，有时可能高达 1250 美元。C 叠或者 D 叠的一些纸牌同样需要被试者付钱给测试者，但是平均每张仅支付 100 美元。

★ 游戏过程中，如果被试者持续翻 A 叠或者 B 叠，结果将是净损失，而持续翻 C 叠或者 D 叠则会实现净收益。

规则从未改变过。被试者不知道规则，游戏会在翻 100 张纸牌后结束。

潜意识思维最先感知危险

绝大多数被试者一开始会把这四叠牌都试着翻一下。起初，他们会被 A、B 两叠吸引，因为每翻一次就会赢得 100 美元。但是翻了大约 30 次后，大多数人会开始翻 C、D 两叠，并且一直翻这两叠，直到游戏结束。实验过程中，测试者几次暂停游戏来询问被试者对四叠牌的看法。被试者身上都连接着皮肤电导传感器，来测试皮肤传导反应（SCR）。在被试者真正意识到 A、B 两叠的危险之前，他们的 SCR 指数就已经开始上升。在他们动手翻 A、B 两叠之前，甚至在想翻之前，他们的 SCR 指数就已经上升。潜意识告诉他们 A、B 两叠牌很危险，会带来损失。在 SCR 的电位上这种现象十分明显。然而，这些都是潜意识思维，他们的意识思维还没有认识到有什么不对劲。

后来被试者说，直觉告诉他们 C、D 两叠更好一些，但是 SCR 显示，在新脑认识到这一点之前旧脑就已经认识到了。在游戏的最后，绝大多数的被试者不但能够感觉到，而且可以清晰地说明两叠牌的区别，但是 30% 的人不能解释为什么自己更倾向于 C、D 两叠牌。他们说自己仅仅是感觉那两叠更好。

小 贴 士

✴ 人们会对潜意识的危险信号做出反应。

✴ 潜意识思维比意识思维反应更迅速。也就是说，人们经常在做完某事或采取行动后，无法解释自己为什么会这么做。

92 人希望拥有超出能力范围的选择和信息

站在美国任意一家零售商店内的任意一条过道上，琳琅满目的商品都会让你无所适从。不管是购买糖果、麦片、电视机还是牛仔服，你都有多种选择。不管是零售商店还是网站，如果你询问人们是喜欢从备选方案中挑选还是想要更多的选择，绝大多数人会说想要更多的选择。

选择过多会麻痹思维过程

Sheena Iyengar 在其 2010 年出版的著作《选择：为什么我选的不是我要的？》中详细讲述了她和其他人关于选择的研究。读研究生时，Iyengar 进行了果酱实验。Iyengar 和 Mark Lepper（2000）决定测试"当选择过多时人们不会进行任何选择"这一理论。他们在一家繁忙的高档零售店布置了一些展台并且装扮成工作人员。展台上的商品种类有时多有时少，其中一半时间摆放了 6 种果酱供人们尝试，另一半时间则摆放24 种果酱。

哪张展台吸引了更多的顾客

当摆有 24 种果酱时，60% 的顾客会驻足并品尝。当摆放 6 种果酱时，仅有 40% 的顾客会驻足并品尝。所以说选择越多越好，对吗？并不尽然。

哪张展台的果酱品尝次数更多

你可能会认为当展台摆有 24 种果酱时，人们会品尝更多的果酱，但他们并没有。人们停在展台前时，不管果酱有 6 种还是 24 种，都只品尝其中几种。人们每次只能记住三四件事情（参见第 3 章），同样每次也只能从三四种事物中进行选择。

哪张展台的果酱卖得更多

Iyengar 的实验中最有趣的部分是，停留在 6 种果酱展台的顾客中，有 31% 购买了果酱；但是停留在 24 种果酱展台的顾客中，只有 3% 进行了购买。因此，虽然有更多的人停留，但购买的人反而更少。以具体数字为例，如果有 100 个人经过（当然实际数量要多于 100，但是 100 方便我们统计）摆有 24 种果酱的展台，有 60 个人会停下来并品尝果酱，但只有 2 人会购买。如果展台摆有 6 种果酱，有 40 人会停下来并品尝果酱，其中有 12 人会购买。

为什么人们无法停止

如果"少就是多"，为什么人们总是想要更多的选择？这是多巴胺效应的一部分。信息令人上瘾。除非人们确定了自己的选择，否则会不停歇地寻找更多的信息。

小 贴 士

✳ 克制向消费者提供过多选择的冲动。

✳ 如果你问人们想要多少种选择，他们几乎都会说"许多"或者"给我全部选择"。因此如果你问的话，要准备好与他们所要的不同的选择。

✳ 如果可能的话，将选择的数量限制为三四种。如果你不得不提供更多的选择，尝试着用一种渐进的方法。例如，让人们首先从三四种中选择，然后再从子集中进行选择。

93 人将选择等同于控制

在《选择：为什么我选的不是我要的？》一书中，Sheena Iyengar 描述了一项老鼠实验。老鼠面前有两种选择：从笔直的小径去到食物处或者从有岔路、需要做出选择的小径前去。两条路通向同一个地方，那里的食物相同，数量也相同。如果老鼠只是希望得到食物，那么应该会选择那条笔直的小径。但是老鼠更喜欢选择那条有岔路的小径。

在对猴子和鸽子进行的实验中，动物们学会了通过按钮来获取食物。如果提供单键和多键两种选择，猴子和鸽子都会偏好多键。

在对人进行的类似实验中，提供给被试者的是赌场筹码。他们可以在有一个轮盘的赌桌上使用，也可以在有两个轮盘的赌桌使用。人们都偏好于选择有两个轮盘的赌桌，即使这三个轮盘是完全一样的。

虽然不一定正确，但是人们认为拥有了选择就等于拥有了控制权。如果人们想要一切尽在掌控中的感觉，就需要感受到自己的行为强大有力，而且拥有很多选择。有时过多的选择会令他们难以得到想要的，但是他们仍然想要更多选择，因为这样会带来控制感。

对环境的控制欲是人类的内在本性。这是很有道理的，因为通过控制环境我们可能会增加生存的机会。

👉 人在年幼时便存在控制欲

Iyengar 描述了这样一个实验，研究员们在 4 个月大的婴儿手上绑上一条细绳。婴儿可以晃动绳子，而晃动绳子会使音乐播放。然后研究者解除了细绳与音乐的联系，接着以同样的频率播放音乐，但是婴儿无法控制音乐何时响起。他们会变得悲伤、愤怒，即使音乐仍然以同一频率播放。这说明他们想要控制音乐何时响起。

小 贴 士

✳ 人们需要感受到一切尽在控制中，并且拥有更多选择。

✳ 人们并不总是选择最快的方法来完成任务。在决定目标用户将如何使用你的网站或产品来完成某项任务时，你要提供不止一种方法，哪怕其他方法的效率不高，但是这样人们可以有更多选择。

✳ 一旦人们有了选择权，就不能失去，否则就会很不高兴。如果产品的新版本包含了完成任务的改进方法，你可能还是要保留一些旧有方法，这样人们会觉得有了更多选择。

94 相比于金钱人可能更在意时间

假如周日你骑行在自己最喜欢的小路上，路上遇到几个孩子在卖柠檬水。你会停下来买柠檬水吗？你喜欢柠檬水吗？你购买或者喜欢柠檬水与柠檬水摊位前标志牌上的措辞有关系吗？显然有关系。

斯坦福商学院的 Cassie Mogilner 和 Jennifer Aaker（2009）进行了一系列的实验，研究究竟时间因素和金钱因素对人们是否停下来购买、愿意花多少钱购买以及对所买产品的满意度是否有影响。他们共进行了5 组实验。

时间消费与金钱消费

第一组实验是在柠檬水摊位的标志牌上做文章。有时标志牌上写道："花费少许时间，享受 C&D 柠檬水吧。"这种是时间语境。有时候标志牌上写道："花一点点钱，享受 C&D 柠檬水吧。"这是金钱语境。另外一些时候标志牌上写道："享受 C&D 柠檬水吧。"这是控制语境。

一共有 391 名路人经过，有的走路、有的骑车。那些停下来购买柠檬水的人从 14 岁到 50 岁不等，性别不同，职业各异。路人可以花 1 到 3 美元购买一杯柠檬水，到底付多少钱由自己决定。摊主解释道，支付 3 美元的购买者可以带走高品质的塑料杯。当购买者喝完柠檬水后，他们做了一项问卷调查。

当标志牌上提到时间时，14% 的人会停下来购买柠檬水。事实上，因为提及时间而停下购买的人数是因为提及金钱而停下购买的人数（7%）的两倍。除此之外，时间语境下购买者花费了更多的钱，平均每人支付了 2.5 美元，而金钱语境下购买者平均仅支付 1.38 美元。有趣的是，在控制语境下停下购买的人，不论是人数还是支付的金钱都介于前两种情况之间。换言之，提及时间带来了最多的购买者和销售额，提及金钱带来了最少的消费者和销售额，两者都没有提到的居于中间。购买者填写满意度调查问卷时，情形也是如此。

研究者猜测，在信息中提及时间比提及金钱更能增强人际互动。为了验证这一观点，他们在实验室内而不是在户外进行了另外 4 组实验，观察时间信息与金钱信息是怎样影响人们购买电子产品、牛仔服和汽车的。

人们需要互动

在所有实验结束后，研究者们推断，如果存在人际互动，人们会更乐于购买，花费更多的钱，并且更喜欢他们所购买的东西。绝大多数情况下，人际互动是由时间因素而非金钱因素所触发的。所以，提及时间会加强人们的产品体验，而对这种体验的思考会产生人际互动。

然而，对于特定的产品（如名牌牛仔服或者名牌汽车）或特定的消费者（那些更重视拥有感而非购物体验的人）而言，提及金钱比提及时间更能增强人际互动。这种人很少，但是存在。

小 贴 士

✳ 当然，最好是了解你的市场或者消费人群。如果他们更易受到名牌和财富的影响，那么一定要提及金钱。

✳ 要注意，大多数时候，对于绝大多数人来说，产生人际互动更易受到时间和体验而非金钱和财物的影响。

✳ 如果你没有时间或者预算来了解你的消费人群，而且你销售的并不是高档产品或服务，那么要多加注重时间和体验，尽量少提及金钱。

---

95 情绪影响决策过程

你刚刚找到一份新工作。这份工作有趣而且高薪，但是也有一些不理想的地方，你可能得频繁地出差和加班。你是应该跳槽还是继续干现有工作呢？你的内心告诉你应该跳槽，但是坐下来罗列了跳槽的利弊之后，你发现弊要大于利，同时理性也告诉你留下。你将会听从哪个，是内心还是理性？

Marieke de Vries（2008）及其团队对此进行了研究。他们对于情绪和决策策略之间的关系很感兴趣。

他们让被试者观看了能带来快乐的布偶电影的搞笑片段，或者让人心情沉重的电影《辛德勒的名单》。接下来向他们展示了一些保温产品，让其中一些人凭第一感觉（直觉）挑选出他们希望中奖得到的保温瓶，让其他人就不同产品的参数和特性（深思熟虑）评价其优缺点。

被试者挑选了自己喜欢的保温瓶之后，再让他们估计一下保温瓶的价格，然后填写一份评测他们当前心情的问卷，最后填一份评估他们日常做决定方式（是凭直觉还是经过深思熟虑）的问卷。

下面是对实验结果的总结。

★ 视频片段可以把人带入欢快或悲伤的情绪。
★ 当要求凭直觉进行评价时，那些通常凭直觉做决定的被试者会对保温瓶给出较高的估价。
★ 当要求深思熟虑之后再估价时，那些通常经过思考才做决定的被试者会对保温瓶给出较高的估价。

★ 无论平常以何种方式做决定，当被试者在愉悦的情绪下凭直觉进行评价时，都会对保温瓶给出较高的估价。

★ 无论平常以何种方式做决定，当被试者在悲伤的情绪下经过深思熟虑后，都会对保温瓶给出一个较高的估价。

★ 以上结果并无性别之差。

小 贴 士

✳ 一些人倾向于凭直觉进行判断，其他人则倾向于深思熟虑。

✳ 当人们以最自然的方式做决定时，对产品的评价较高。

✳ 如果你能找出人们的行事风格，就可以建议他们如何做决定，这样你的产品就会获得较高的评价。

✳ 你可以轻易地影响人们的情绪，例如，通过一个较短的视频片段。

✳ 当人们情绪不错时，让他们根据第一印象对产品进行快速评价，评价往往会更好。

✳ 当人们情绪不佳时，让他们经过思考后对产品进行评价，评价往往会更好。

✳ 如果你能影响人们的情绪，可以建议人们如何思考他们的决策过程。这会对产品或服务的评价产生积极的影响。

96 群体决策可能会犯错

走进世界上任意一座办公楼，你都会发现会议室里坐满了人，他们在开会讨论和做决定。每天，企业和组织中大大小小的群体能做出数千条决策。不幸的是，研究表明这些群体决策存在一些严重的缺陷。

群体思维的风险

Andreas Mojzisch 和 Stefan Schulz-Hardt（2010）向被试者提供了潜在求职者的信息。每个被试者都是先单独了解并评估信息，而不是面对面地小组讨论。一组被试者先了解到组内其他人的喜好，然后才开始审核求职者的材料；另一组被试者在审核求职者的材料前并没有了解到组内其他成员的喜好。这样，每个人都了解到相同的求职者信息。为了做出最优决定，被试者需要审核获取到的所有信息。

研究者发现，那些在审核求职者信息前了解了组内其他成员喜好的人并没有全面地审核求职者的信息，因此并没有做出最好的决策。在随后的记忆测试中，他们也想不起最相关的信息。研究者得出结论，当一组成员先了解他人的喜好，然后再展开讨论时，他们对于组员喜好之外的信息的关注时间和精力都会减少，因此无法做出最优决策。

Mojzisch 和 Schulz-Hardt 在接下来的实验中做出了调整，变成了面对面的小组讨论。这次实验中，每个组员对潜在求职者所了解的信息各不相同。如果所有组员都分享自己独有的信息，那么他们一定可以做出最好的决定。如果组员一开始就讨论自己的喜好，在讨论过程中对其他相关信息的关注就会减少，从而做出错误的决定。

90% 的小组讨论从组员们讨论自己的第一印象开始。研究明确表明这是一种糟糕的做法。相反，如果首先讨论相关信息，就能把这些信息考虑得更为细致，从而做出更好的决定。

两个脑袋要比一个好用

如果接球手在球门区的边线角落接到了橄榄球，球到底有没有触地？两个裁判员是从不同角度观看的。那么他们是一起讨论还是分别判定更易做出正确的决定呢？ Bahador Bahrami 的研究表明，如果他们一起交流并且都精通该领域的知识和技能，那么"两个脑袋要比一个好用"。

Bahrami（2010）发现，只要两个人能够自由讨论各自的不同意见，并且不单单讨论他们的所见，还讨论他们对于自己所见的确信程度，那么两个人做决定将会比单个人做决定更好。如果不允许他们自由讨论，仅让他们各自决定，那么单个人做决定要好于两个人讨论。

小 贴 士

＊ 告诉人们别人的观点之前，先给他们一种方式和一些时间，让他们独自思考全部相关的信息。

＊ 在人们告诉他人自己的决定之前，先让他说明一下对自己的决定有多大信心。

＊ 一旦开始分享观点，确保人们有充足的时间讨论分歧。

＊ 如今分享信息很容易，信息也因此可以广泛地传播。但是这种信息和观点的自由传递可能意味着人们一起做出了糟糕的决定。鼓励人们等到见面之后再分享意见。

---

97 人基于习惯或价值做决定，但不能兼顾

Kelly 负责为公司挑选 IT 云服务。两年前，她为公司注册了聊天机器人服务。该服务有三个等级：免费级、专业级和企业级。到目前为止，Kelly 每年都会注册专业级服务。

现在到每年续订的时候了，她会续吗？还是在续订时换成免费级或升级为企业级？该服务是否有电子邮件通知或网页来鼓励或阻止她续订，或者影响她对等级的选择？

基于习惯的决定与基于价值的决定

人们做出的决定分为两种类型：基于习惯的决定和基于价值的决定。

基于习惯的决定产生于基底核（位于大脑深处）。当你未经思考就从百货商店的货架上拿出常吃的麦片并放进购物车时，就做了一个基于习惯的决定。

如果 Kelly 没有考虑过是否要更换服务等级就按下聊天机器人软件的"续订"按钮，那么她就是在基于习惯做决定。

基于价值的决定则产生于大脑中的眶额叶皮质区域，这是与计划和比较相关的逻辑思维与智力活动发生的地方。如果你在比较应该买哪个品牌的汽车，或者是否有足够的钱购买新车而非二手车，那么就是在做基于价值的决定。

如果 Kelly 比较了聊天机器人服务不同等级之间的功能，那么她就会基于价值做决定。

二者无法兼顾

如果眶额叶皮质处于沉寂状态，那么大脑的"习惯"部位就会掌握控制权。这意味着人们要么做基于价值的决定，要么做基于习惯的决定，但无法同时兼顾。

如果你给某人大量信息，他就会从基于习惯的决定切换到基于价值的决定。如果想让用户做基于习惯的决定，就不要给太多信息。如果想让用户做基于价值的决定，则要给他们信息来思考。

如果想让 Kelly 再次续订专业级服务，那么不要给她大量信息。让她基于习惯做出续订的决定。

不过，如果希望她升级（而非降级）服务，你可能要给她关于选项的信息，因为这会将她从基于习惯的选择中"踢"出来，转向基于价值的选择。

小 贴 士

✳ 基于习惯的选择和基于价值的选择产生自大脑的不同部位。

✳ 当眶额叶皮质沉寂时，也就是说没有做基于价值的选择时，大脑的"习惯"部位就会活跃起来。

✳ 如果想让用户做出基于习惯的选择，就不要给他们大量信息。

✳ 如果想让用于做出基于价值的选择，就给他们更多信息。

98 人在不确定时会让他人做决定

假设你正在浏览网站，考虑要买一双什么样的靴子。你看到有双靴子好像很不错，但是从来没有听说过这个牌子，你会买吗？如果你不确定，很可能会向下滚动页面看看其他购买者的评论和评分。你可能会听信这些评论，即使写评论的是你完全不认识的人。

不确定性起决定性作用

在《网页设计心理学》一书中，我谈到人们喜欢观望他人来决定自己该做什么。这叫作**社会认同**。

Bibb Latane 和 John Darley（1970）进行过一项实验。他们构建了一些让人不确定的场景，观察人们是否受周围人所作所为的影响。实验中被试者会进入一个房间，填写一份关于创造力的调查问卷。房间内会有一个或几个人假装成被试者，但是他们实际上是实验的一部分。有时候房间里会安排另一个被试者，有时候有许多被试者。当被试者在填写创造力调查问卷时，烟雾开始从通风孔进入房间。被试者会离开房间吗？会告诉其他人烟雾的事情，还是对烟雾不管不顾？

人们喜欢从众

被试者的行为取决于房间内其他人的行为，也取决于房间内有多少人。人越多并且忽略烟雾的人越多，被试者越有可能什么都不做。如果被试者是独自一人，那他就会离开房间并告诉其他人。但是如果房间里有其他人在，并且他们什么反应都没有，那么被试者就会什么都不做。

推荐语和评分具有引导力

推荐语、评分和评论带来的社会认同会影响行为。当我们不确定要做什么或买什么时，就会去看那些推荐语、评分和评论，来决定接下来怎么做。

★ 普通人的评论最有影响力

Yi-Fen Chen（2008）研究了一家在线书店的三种评分和评论：网站普通访客的评论、专家评论和网站本身的推荐。这三种都会影响行为，但是普通访客的评论最有影响力。

小 贴 士

✳ 人们很容易受他人观点和行为的影响，尤其在自身不确定的时候。

✳ 如果想影响他人的行为，可以使用推荐语、评分和评论。

✳ 有关评分人和评论人的信息越多，评分或评论产生的影响力就越大，特别是当这些描述让读者感觉评分人和评论人是"像我一样"的普通人时。

99　人们认为他人比自己更易受影响

当我谈到关于社会认同的研究时，比如前面提及的评分和评论，房间里的每个人都点头同意，十分认同人们确实会受评分和评论的影响。然而，绝大多数人认为自己并没有受到评分和评论的很大影响。我跟他们说，我们会受到图片、图像和文字的很大影响，但并没有意识到自己受了影响。大家的反应总是如出一辙："是的！是的！其他人被这些所影响，但是我没有。"

第三者效应

事实上，"其他人受到了影响但我没有"这种想法十分普遍，因此对此也有相关的研究，这种现象称为**第三者效应**。研究显示，绝大多数人认为其他人会被说服性的信息所影响，但是他们自己不会。研究显示这种看法是错误的。当人们认为自己对事件不感兴趣时，第三方效应会尤其显著。例如，如果你没有去商场购买新电视，那么你往往认为新电视的广告不会影响到你，但研究表明它就是会影响你。

为什么人们这样自欺欺人

人们为什么欺骗自己？一个原因是所有的影响都是在潜意识中发生的，人们完全没有意识到自己正在被影响。另一个原因是人们不愿认为自己会轻易动摇或被骗。被骗便意味着事情不在掌控之中，而与生存相关的旧脑总是希望一切尽在掌控之中。

100 人认为眼前的实物更有价值

你去网站上再订购一盒你最喜欢的钢笔。如果产品页面上不仅有一段文字描述，还有一张钢笔的实物图，你是否会觉得钢笔更有价值？如果你在办公用品商店，这些钢笔就摆在你面前，你是否会觉得这些钢笔更有价值？这与你购买的是钢笔还是食物或者其他产品是否有关系？当你决定购买时，产品的展示方式是否会影响你愿意为其支付的价格？Ben Bushong（2010）和一组研究员决定通过实验解答这些疑问。

在第一组实验中，研究员使用了零食（薯片、糖果等）。他们给被试者一些钱来购买这些东西。被试者有很多种选择，可以随意挑选想要的零食。（实验没有选取正在减肥的人和饮食失调的人。）被试者需要竞价购买零食，这样研究者就能知道被试者愿意为每件产品花多少钱。

一些被试者只看了产品的名称和一段简短的描述，例如"乐事薯片，50克装"，一些被试者看到了产品的图片，还有一些被试者看到了实物。图 100-1 展示了实验结果。

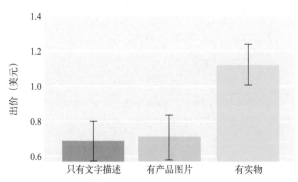

图 100-1　被试者看到实物时出价更高

实物交易出价更高

附有图片时，被试者的出价并没有提高，但是摆出产品实物时，出价却提高了，甚至提高了60%。有趣的是，产品的展现形式并没有影响被试者对产品**喜爱**程度的评价，仅影响了他们的出价。事实上，一些产品在实验前他们说并不喜欢，但当实物摆在面前时，他们的出价却提高了。

玩具、饰品和树脂玻璃

接下来研究者们尝试用玩具和饰品代替食物。图100-2所示是实验结果。这个图表看起来和图100-1（食物的实验结果）相似。

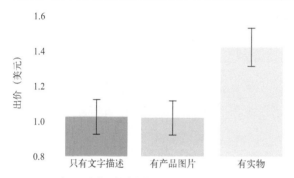

图100-2　当玩具和饰品的实物摆在眼前时，被试者出价更高

如果是样品会怎样呢

研究者决定采用另一种方法：还是拿食物来做实验，但是这次让被试者观看并品尝样品。虽然没有真正的产品，但是有样品。研究者认为，样品和真正产品的效果肯定是一样的，但他们又错了。图100-3显示，样品也不如真正的产品那么具有说服力。

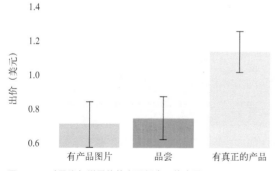

图100-3　（品尝）样品的效力不如真正的产品

研究者注意到，在品尝环节，被试者甚至看都不看样品，因为他们知道纸杯里的样品与包装袋里的食品是一样的。

是气味的原因吗

研究者们很疑惑，是不是食物散发了某种难以察觉的气味从而刺激了大脑，于是他们做了另一组实验，把食物放在了树脂玻璃后面。如果食物可以看到，但是放在玻璃后面，被试者出价会高一些，但是仍然低于可触摸的实物。"啊！"研究者想，"一定和气味有关！"但是随后发现，其他非食物产品的实验结果也是一样的，可见气味并不是诱因。图100-4 展示了树脂玻璃实验的结果。

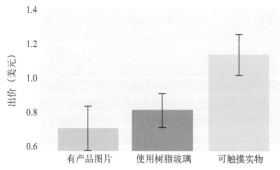

图 100-4　置于玻璃后时被试者出价更高，但仍低于可触摸实物

是巴甫洛夫条件反射吗

Bushong 和他的团队猜测这是巴甫洛夫条件反射造成的：真实的产品是一种条件刺激，会引起条件反射。图像甚至文字都可能成为条件刺激，引起同样的条件反射，但是它们在大脑中尚未形成刺激，因此无法像产品实物那样引发相同的条件反射。

小　贴　士

✳ 如果手中有现货，那么实体商店会更有优势，尤其是定价可以较高。

✳ 将产品放在玻璃或其他障碍物后，会降低消费者的出价。

推荐阅读

Alloway, Tracy P., and Alloway, R. 2010. "Investigating the predictive roles of working memory and IQ in academic attainment." *Journal of Experimental Child Psychology* 80(2): 606–21.

Anderson, Cameron, and Kilduff, G. 2009. "Why do dominant personalities attain influence in face-to-face groups?" *Journal of Personality and Social Psychology* 96(2): 491–503.

Anderson, Richard C., and Pichert, J. 1978. "Recall of previously unrecallable information following a shift in perspective." *Journal of Verbal Learning and Verbal Behavior* 17: 1–12.

Aronson, Elliot, and Mills, J. 1959. "The effect of severity of initiation on liking for a group." *U.S. Army Leadership Human Research Unit*.

Baddeley, Alan D. 1994. "The magical number seven: Still magic after all these years?" *Psychological Review* 101: 353–6.

Baddeley, Alan D. 1986. *Working Memory*. New York: Oxford University Press.

Bahrami, Bahador, Olsen, K., Latham, P. E., Roepstorff, A., Rees, G., and Frith, C. D. 2010. "Optimally interacting minds." *Science* 329(5995): 1081–5. doi:10.1126/science.1185718.

Bandura, Albert. 1999. "Moral disengagement in the perpetration of inhumanities." *Personality and Social Psychology Review* 3(3): 193–209. doi:10.1207/ s15327957pspr0303_3, PMID 15661671.

Bargh, John, Chen, M., and Burrows, L. 1996. "Automaticity of social behavior: Direct effects of trait construct and stereotype." *Journal of Personality and Social Psychology* 71(2): 230–44.

Bayle, Dimitri J., Henaff, M., and Krolak-Salmon, P. 2009. "Unconsciously perceived fear in peripheral vision alerts the limbic system: A MEG study." *PLoS ONE* 4(12): e8207. doi:10.1371/journal.pone.0008207.

Bechara, Antoine, Damasio, H., Tranel, D., and Damasio, A. 1997. "Deciding advantageously before knowing advantageous strategy." *Science* 275: 1293–5.

Bechara, Antoine, Tranel, D., and Damasio, H. 2000. "Characterization of the decision-making deficit of patients with ventromedial prefrontal cortex lesions." *Brain* 123.

Begley, Sharon. 2010. "West brain, East brain: What a difference culture makes." *Newsweek*, February 18, 2010.

Bellenkes, Andrew H., Wickens, C. D., and Kramer, A. F. 1997. "Visual scanning and pilot expertise: The role of attentional flexibility and mental model development." *Aviation, Space, and Environmental Medicine* 68(7): 569–79.

Belova, Marina A., Paton, J., Morrison, S., and Salzman, C. 2007. "Expectation modulates neural responses to pleasant and aversive stimuli in primate amygdala." *Neuron* 55: 970–84.

Berman, Marc G., Jonides, J., and Kaplan, S. 2008. "The cognitive benefits of interacting with nature." *Psychological Science* 19: 1207–12.

Berns, Gregory S., McClure, S., Pagnoni, G., and Montague, P. 2001. "Predictability modulates human brain response to reward." *The Journal of Neuroscience* 21(8): 2793–8.

Berridge, Kent, and Robinson, T. 1998. "What is the role of dopamine in reward: Hedonic impact, reward learning, or incentive salience?" *Brain Research Reviews* 28:309–69.

Biederman, Irving. 1987. "Recognition-by-Components: A Theory of Human Image Understanding." *Psychological Review* 94(2).

Broadbent, Donald. 1975. "The magic number seven after fifteen years." Volume 32, Issue 1, October 1985, Pages 29–73. In *Studies in Long-Term Memory*, edited by A. Kennedy and A. Wilkes. London: Wiley.

Bushong, Ben, King, L. M., Camerer, C. F., and Rangel, A. 2010. "Pavlovian processes in consumer choice: The physical presence of a good increases willingness-to-pay." *American Economic Review* 100: 1–18.

Canessa, Nicola, Motterlini, M., Di Dio, C., Perani, D., Scifo, P., Cappa, S. F., and Rizzolatti, G. 2009. "Understanding others' regret: A FMRI study." *PLoS One* 4(10): e7402.

Cattell, James M. 1886. "The time taken up by cerebral operations." *Mind* 11: 377–92.

Chabris, Christopher, and Simons, D. 2010. *The Invisible Gorilla.* New York: Crown Archetype.

Chartrand, Tanya L., and Bargh, J. 1999. "The chameleon effect: The perception- behavior link and social interaction." *Journal of Personality and Social Psychology* 76(6): 893–910.

Chen, Yi-Fen. 2008. "Herd behavior in purchasing books online." *Computers in Human Behavior* 24: 1977–92.

Christoff, Kalina, Gordon, A. M., Smallwood, J., Smith, R., and Schooler, J. 2009. "Experience sampling during fMRI reveals default network and executive system contributions to mind wandering." *Proceedings of the National Academy of Sciences* 106(21): 8719–24.

Chua, Hannah F., Boland, J. E., and Nisbett, R. E. 2005. "Cultural variation in eye movements during scene perception." *Proceedings of the National Academy of Sciences* 102: 12629–33.

Clem, Roger, and Huganir, R. 2010. "Calcium-permeable AMPA receptor dynamics mediate fear memory erasure." *Science* 330(6007): 1108–12.

Cowan, Nelson. 2001. "The magical number 4 in short-term memory: A reconsideration of mental storage capacity." *Behavioral and Brain Sciences* 24: 87–185.

Craik, Kenneth. 1943. *The Nature of Explanation.* Cambridge (UK) University Press.

Csikszentmihalyi, Mihaly. 2008. *Flow: The Psychology of Optimal Experience.* New York: Harper and Row.

Custers, Ruud, and Aarts, H. 2010. "The unconscious will: How the pursuit of goals operates outside of conscious awareness." *Science* 329(5987): 47–50. doi:10.1126/science.1188595.

Darley, John, and Batson, C. 1973. "From Jerusalem to Jericho: A study of situational and dispositional variables in helping behavior." *Journal of Personality and Social Psychology* 27: 100–108.

Davis, Joshua I., Senghas, A., Brandt, F., and Ochsner, K. 2010. "The effects of BOTOX injections on emotional experience." *Emotion* 10(3): 433–40.

Deatherage, B. H. 1972. "Auditory and other sensory forms of information presentation." In *Human Engineering Guide to Equipment Design*, edited by H. P. Van Cott and R. G. Kincade. Washington, DC: U.S. Government Printing Office.

De Vries, Marieke, Holland, R., Chenier, T., Starr, M., and Winkielman, P. 2010. "Happiness cools the glow of familiarity: Psychophysiological evidence that mood modulates the familiarity-affect link." *Psychological Science* 21: 321–8.

De Vries, Marieke, Holland, R., and Witteman, C. 2008. "Fitting decisions: Mood and intuitive versus deliberative decision strategies." *Cognition and Emotion* 22(5): 931–43.

Duchenne, Guillaume. 1855. *De l'Électrisation Localisée et de son Application à la Physiologie, à la Pathologie et à la Thérapeutique*. Paris: J. B. Baillière.

Dunbar, Robin. 1998. *Grooming, Gossip, and the Evolution of Language*. Cambridge, MA: Harvard University Press.

Dyson, Mary C. 2004. "How physical text layout affects reading from screen." *Behavior and Information Technology* 23(6): 377–93.

Ebbinghaus, Hermann. 1886. "A supposed law of memory." *Mind* 11(42).

Emberson, Lauren L., Lupyan, G., Goldstein, M., and Spivey, M. 2010. "Overheard cellphone conversations: When less speech is more distracting." *Psychological Science* 21(5): 682–91.

Ekman, Paul. 2007. *Emotions Revealed: Recognizing Faces and Feelings to Improve Communication and Emotional Life*, 2nd ed. New York: Owl Books.

Ekman, Paul. 2009. *Telling Lies: Clues to Deceit in the Marketplace, Politics, and Marriage*, 3rd ed. New York: W. W. Norton.

Festinger, Leon, Riecken, H. W., and Schachter, S. 1956. *When Prophecy Fails*. Minneapolis: University of Minnesota Press.

Gal, David, and Rucker, D. 2010. "When in doubt, shout." *Psychological Science*. October 13, 2010.

Garcia, Stephen, and Tor, A. 2009. "The N effect: More competitors, less competition." *Psychological Science* 20(7): 871–77.

Gart, Anupam, K., Li, P., Rashid, M. S., and Callaway, E. M. 2019. "Color and orientation are jointly coded and spatially organized in primate primary visual cortex." *Science*. Vol. 364, June 28.

Genter, Dedre, and Stevens, A. 1983. *Mental Models*. Lawrence Erlbaum Associates.

Gibson, James. 1979. *The Ecological Approach to Visual Perception*. Boston: Houghton Mifflin.

Gilbert, Daniel. 2007. *Stumbling on Happiness*. New York: A. A. Knopf.

Goodman, Kenneth S. 1996. *On Reading*. Portsmouth, NH: Heinemann.

Haidt, Jonathan, Seder, P., and Kesebir, S. 2008. "Hive psychology, happiness, and public policy." *Journal of Legal Studies* 37.

Hancock, Jeffrey T., Currya, L. E., Goorhaa, S., and Woodworth, M. 2008. "On lying and being lied to: A linguistic analysis of deception in computer-mediated communication." Informaworld 45(1): 1–23.

Hancock, Jeffrey T., Thom-Santelli, J., and Ritchie, T. 2004. "Deception and design: the impact of communication technology on lying behavior." *Proceedings of the SIGHCHI Conference on Human Factors in Computing Systems.* New York: ACM.

Havas, David A., Glenberg, A. M., Gutowski, K. A., Lucarelli, M. J., and Davidson, R. J. 2010. "Cosmetic use of botulinum toxin-A affects processing of emotional language." *Psychological Science* 21(7): 895–900.

Hsee, Christopher K., Yang, X., and Wang, L. 2010. "Idleness aversion and the need for justified busyness." *Psychological Science* 21(7): 926–30.

Hubel, David H., and Wiesel, T. N. 1959. "Receptive fields of single neurones in the cat's striate cortex." *Journal of Physiology* 148: 574–91.

Hull, Clark L. 1934. "The rats' speed of locomotion gradient in the approach to food." *Journal of Comparative Psychology* 17(3): 393–422.

Hupka, Ralph, Zbigniew, Z., Jurgen, O., Reidl, L., and Tarabrina, N. 1997. "The colors of anger, envy, fear, and jealousy: A cross-cultural study." *Journal of Cross-Cultural Psychology* 28(2): 156–71.

Hyman, Ira, Boss, S., Wise, B., McKenzie, K., and Caggiano, J. 2009. "Did you see the unicycling clown? Inattentional blindness while walking and talking on a cell phone." *Applied Cognitive Psychology.* doi:10.1002/acp.1638.

Iyengar, Sheena. 2010. *The Art of Choosing.* New York: Twelve.

Iyengar, Sheena, and Lepper, M. R. 2000. "When choice is demotivating: Can one desire too much of a good thing?" *Journal of Personality and Social Psychology* 70(6): 996–1006.

Jack, Rachel E., Barrod, O., Yu, H., Caldara, R., and Schyns, P. Philippe. 2012. "Facial expressions of emotion are not culturally universal." *Proceedings of the National Academy of Sciences* 109(19).

Ji, Daoyun, and Wilson, M. 2007. "Coordinated memory replay in the visual cortex and hippocampus during sleep." *Nature Neuroscience* 10: 100–107.

Johnson-Laird, Philip. 1986. *Mental Models.* Cambridge, MA: Harvard University Press.

Kahn, Peter H., Jr., Severson, R. L., and Ruckert, J. H. 2009. "The human relation with nature and technological nature." *Current Directions in Psychological Science* 18: 37–42.

Kang, Neung E., and Yoon, W. C. 2008. "Age- and experience-related user behavior differences in the use of complicated electronic devices." *International Journal of Human-Computer Studies* 66: 425–37.

Kanwisher, Nancy, McDermott, J., and Chun, M. 1997. "The fusiform face area: A module in human extrastriate cortex specialized for face perception." *Journal of Neuroscience* 17(11): 4302–11.

Kawai, Nobuyuki, and Matsuzawa, T. 2000. "Numerical memory span in a chimpanzee." *Nature* 403: 39–40.

Keller, John M. 1987. "Development and use of the ARCS model of instructional design." *Journal of Instructional Development* 10(3): 2–10.

Kivetz, Ran, Urminsky, O., and Zheng, U. 2006. "The goal-gradient hypothesis resurrected: Purchase acceleration, illusionary goal progress, and customer retention." *Journal of Marketing Research* 39: 39–58.

Knutson, Brian, Adams, C., Fong, G., and Hummer, D. 2001. "Anticipation of increased monetary reward selectively recruits nucleus accumbens." *Journal of Neuroscience* 21.

Koo, Minjung, and Fishbach, A. 2010. "Climbing the goal ladder: How upcoming actions increase level of aspiration." *Journal of Personality and Social Psychology* 99(1): 1–13.

Krienen, Fenna M., Pei-Chi, Tu, and Buckner, Randy L. 2010. "Clan mentality: Evidence that the medial prefrontal cortex responds to close others." *The Journal of Neuroscience* 30(41): 13906–15. doi:10.1523/JNEUROSCI.2180-10.2010.

Krug, Steve. 2005. *Don't Make Me Think!* Berkeley, CA: New Riders.

Krumhuber, Eva G., and Manstead, A. 2009. "Can Duchenne smiles be feigned? New evidence on felt and false smiles." *Emotion* 9(6): 807–20.

Kurtzberg, Terri, Naquin, C., and Belkin, L. 2005. "Electronic performance appraisals: The effects of e-mail communication on peer ratings in actual and simulated environments." *Organizational Behavior and Human Decision Processes* 98(2): 216–26.

Larson, Adam, and Loschky, L. 2009. "The contributions of central versus peripheral vision to scene gist recognition." *Journal of Vision* 9(10:6): 1–16. doi:10.1167/9.10.6.

Latane, Bibb, and Darley, J. 1970. *The Unresponsive Bystander*. Upper Saddle River, NJ: Prentice Hall.

LeDoux, Joseph. 2000. "Emotion circuits in the brain." *Annual Review of Neuroscience* 23: 155–84.

Lehrer, Jonah. 2010. "Why social closeness matters." *The Frontal Cortex* blog.

Lepper, Mark, Greene, D., and Nisbett, R. 1973. "Undermining children's intrinsic interest with extrinsic rewards." *Journal of Personality and Social Psychology* 28: 129–37.

Lerner, Jennifer S., Li, Y., Valdesolo, P., and Kassam, K.S. 2015. "Emotion and decision making." *Annual Review of Psychology* 66.

Lim, Nangyeon. 2016. "Cultural differences in emotion: differences in emotional arousal level between the East and the West." *Integrative Medicine Research* 5(2).

Loftus, Elizabeth, and Palmer, J. 1974. "Reconstruction of automobile destruction: An example of the interaction between language and memory." *Journal of Verbal Learning and Verbal Behavior* 13: 585–9.

Looser, Christine E., and Wheatley, T. 2010. "The tipping point of animacy: How, when, and where we perceive life in a face." *Psychological Science* 21(12): 1854–62.

Loschky, Lester C., Szaffarczyk, S., Beugnet, C., Young, M. E., Boucart, M. 2019. "The contributions of central and peripheral vision to scene-gist recognition with a 180 degree visual field." *Journal of Vision* 19(5).

Lupien, Sonia J., Maheu, F., Tu, M., Fiocco, A., and Schramek, T. E. 2007. "The effects of stress and stress hormones on human cognition: Implications for the field of brain and cognition." *Brain and Cognition* 65: 209–37.

Mandler, George. 1969. "Input variables and output strategies in free recall of categorized lists." *The American Journal of Psychology* 82(4).

Mason, Malia, F., Norton, M., Van Horn, J., Wegner, D., Grafton, S., and Macrae, C. 2007. "Wandering minds: The default network and stimulus-independent thought." *Science* 315(5810): 393–5.

Medina, John. 2009. *Brain Rules*. Seattle, WA: Pear Press.

Miller, George A. 1956. "The magical number seven plus or minus two: Some limits on our capacity for processing information." *Psychological Review* 63: 81–97.

Mitchell, Terence R., Thompson, L., Peterson, E., and Cronk, R. 1997. "Temporal adjustments in the evaluation of events: The 'rosy view.'" *Journal of Experimental Social Psychology* 33(4): 421–48.

Mogilner, Cassie and Aaker, J. 2009. "The time versus money effect: Shifting product attitudes and decisions through personal connection." *Journal of Consumer Research* 36: 277–91.

Mojzisch, Andreas, and Schulz-Hardt, S. 2010. "Knowing others' preferences degrades the quality of group decisions." *Journal of Personality and Social Psychology* 98(5): 794–808.

Mondloch, Catherine J., Lewis, T. L., Budrea, D. R., Maurer, D., Dannemiller, J. L., Stephens, B. R., and Keiner-Gathercole, K. A. 1999. "Face perception during early infancy." *Psychological Science* 10: 419–22.

Morrell, Roger, et al. 2000. "Effects of age and instructions on teaching older adults to use Eldercomm, an electronic bulletin board system." *Educational Gerontology* 26: 221–35.

Naquin, Charles E., Kurtzberg, T. R., and Belkin, L. Y. 2010. "The finer points of lying online: e-mail versus pen and paper." *Journal of Applied Psychology* 95(2): 387–94.

Neisser, Ulric, and Harsh, N. 1992. "Phantom flashbulbs: False recollections of hearing the news about Challenger." In *Affect and Accuracy in Recall*, edited by E. Winograd and U. Neisser. Cambridge (UK) University Press: 9–31.

Nolan, Jessica M., Schultz, P. D., Cialdini, R.B., Goldstein, N. J., and Griskevicius, V. 2008. "Normative social influence is underdetected." *Personality and Social Psychology Bulletin* 34(7).

Norman, Don. 1988. *The Psychology of Everyday Things*. Published in 2002 as *The Design of Everyday Things*. New York: Basic Books.

Ophir, Eyal, Nass, C., and Wagner, A. 2009. "Cognitive control in media multitaskers." *Proceedings of the National Academy of Sciences*, September 15, 2009.

Paap, Kenneth R., Newsome, S. L., and Noel, R. W. 1984. "Word shape's in poor shape for the race to the lexicon." *Journal of Experimental Psychology: Human Perception and Performance* 10: 413–28.

Perfect, Timothy, Wagstaff, G., Moore, D., Andrews, B., Cleveland, V., Newcombe, K., and Brown, L. 2008."How can we help witnesses to remember more? It's an (eyes) open and shut case." *Law and Human Behavior* 32(4): 314–24.

Pierce, Karen, Muller, R., Ambrose, J., Allen, G., and Courchesne, E. 2001. "Face processing occurs outside the fusiform 'face area' in autism: Evidence from functional MRI." *Brain* 124(10): 2059–73.

Pink, Daniel. 2009. *Drive*. New York: Riverhead Books.

Provine, Robert. 2001. *Laughter: A Scientific Investigation*. New York: Viking.

Ramachandran, V. S. 2010. TED talk on mirror neurons.

Rao, Stephen, Mayer, A., and Harrington, D. 2001. "The evolution of brain activation during temporal processing." *Nature and Neuroscience* 4: 317–23.

Rayner, Keith. 1998. "Eye movements in reading and information processing: 20 years of research." *Psychological Review* 124(3): 372–422.

Reason, James. 1990. *Human Error*. New York: Cambridge University Press.

Salimpoor, Valorie, N., Benovoy, M., Larcher, K., Dagher, A., and Zatorre, R. 2011. "Anatomically distinct dopamine release during anticipation and experience of peak emotion to music." *Nature Neuroscience*. doi:10.1038/nn.2726.

Sauter, Disa, Eisner, F., Ekman, P., and Scott, S. K. 2010. "Cross-cultural recognition of basic emotions through nonverbal emotional vocalizations." *Proceedings of the National Academy of Sciences* 107(6): 2408–12.

Sauter, Disa, and Eisner, Frank. 2013. "Commonalities outweigh differences in the communication of emotions across human cultures." *Proceedings of the National Academy of Sciences* 110(3).

Shappell, Scott A., and Wiegmann, Douglas, A. 2000. "The Human Factors Analysis and Classification System–HFACS." *U.S. Department of Transportation Federal Aviation Administration, February 2000 Final Report*.

Sillence, Elizabeth, Briggs, P. Fishwick, L., and Harris, P. 2004. "Trust and mistrust of online health sites." *CHI'04 Proceedings of the SIGCHI Conference on Human Factors in Computer Systems*. New York: ACM.

Smith, Madeline E., Hancock, J. T., Reynolds, L., and Birnholtz, J. 2014. "Everyday deception or a few prolific liars? The prevalence of lies in text messaging." *Computers in Human Behavior* 41.

Solso, Robert, Maclin, K., and MacLin, O. 2005. *Cognitive Psychology*, 7th ed. Boston: Allyn and Bacon.

Song, Hyunjin, and Schwarz, N. 2008. "If it's hard to read, it's hard to do: Processing fluency affects effort prediction and motivation." *Psychological Science* 19: 986–8.

St. Claire, Lindsay, Hayward, R., and Rogers, P. 2010. "Interactive effects of caffeine consumption and stressful circumstances on components of stress: Caffeine makes men less, but women more effective as partners under stress." *Journal of Applied Social Psychology* 40(12): 3106–29. doi:10.1111/j.1559.

Stephens, Greg, Silbert, L., and Hasson, U. 2010. "Speaker–listener neural coupling underlies successful communication." *Proceedings of the National Academy of Sciences*, July 27, 2010.

Szameitat, Diana, Kreifelts, B., Alter, K., Szameitat, A., Sterr, A., Grodd, W., and Wildgruber, D. 2010. "It is not always tickling: Distinct cerebral responses during perception of different laughter types." *NeuroImage* 53(4): 1264–71. doi:10.1016/j. neuroimage.2010.06.028

Ulrich, Roger S. 1984. "View through a window may influence recovery from surgery." *Science* 224: 420–1.

Ulrich-Lai, Yvonne M., et al. 2010. "Pleasurable behaviors reduce stress via brain reward pathways." *Proceedings of the National Academy of Sciences of the United States of America*, November 2010.

Van Der Linden, Dimitri, Sonnentag, S., Frese, M., and van Dyck, C. 2001. "Exploration strategies, error consequences, and performance when learning a complex computer task." *Behaviour and Information Technology* 20: 189–98.

Van Veen, Vincent, Krug, M. K., Schooler, J. W., and Carter, C. S. 2009. "Neural activity predicts attitude change in cognitive dissonance." *Nature Neuroscience* 12(11): 1469–74.

Wagner, Ullrich, Gais, S., Haider, H., Verleger, R., and Born, J. 2004. "Sleep inspires insight." *Nature* 427(6972): 304–5.

Weiner, Eric. 2009. *The Geography of Bliss*. New York: Twelve.

Weinschenk, Susan. 2008. *Neuro Web Design: What Makes Them Click?* Berkeley, CA: New Riders.

Wiltermuth, Scott, and Heath, C. 2009. "Synchrony and cooperation." *Psychological Science* 20(1): 1–5.

Yarbus, Alfred L. 1967. *Eye Movements and Vision*, translated by B. Haigh. New York: Plenum.

Yerkes, Robert M., and Dodson, J. D. 1908. "The relation of strength of stimulus to rapidity of habit-formation." *Journal of Comparative Neurology and Psychology* 18: 459–482.

Zagefka, Hanna, Noor, M., Brown, R., de Moura, G., and Hopthrow, T. 2010. "Donating to disaster victims: Responses to natural and humanly caused events." *European Journal of Social Psychology*. doi:10.1002/ejsp.781.

Zihui, Lu, Daneman, M., and Reingold, E. 2008. "Cultural differences in cognitive processing style: Evidence from eye movements during scene processing." *CogSci 2008 Proceedings: 30th Annual Conference of the Cognitive Science Society*: July 23–26, 2008, Washington, DC, USA.

Zimbardo, Philip, and Boyd, J. 2009. *The Time Paradox: The New Psychology of Time That Will Change Your Life*. New York: Free Press.